生 态 学 名 著 译 丛

How to Do Ecology
A Concise Handbook (Second Edition)

如何做生态学
——简明手册（第二版）

Richard Karban　Mikaela Huntzinger　Ian S. Pearse　著

王德华　译

中国教育出版传媒集团
高等教育出版社·北京

内容提要

本书是一本对初学者非常实用的指导书，针对生态学领域的研究生和青年学者面临的许多具体问题，简明扼要地论述了如何做生态学，如何做好的生态学。书中对如何成功组织和从事一项生态学研究，如何选择一个科学问题，如何与他人共事，如何有效地在学术期刊上发表论文，如何做有吸引力的学术报告，如何利用墙报进行交流，如何对待负面结果，以及如何撰写基金申请书和研究项目书等具体问题给出了实用和富有建设性的指导和建议，并提供了颇有借鉴价值的经验和方法。对生态学工作者来说，这是一本难得的指导性参考书。

目　　录

图　清　单

框　清　单

第二版前言

本书始于作者之一的 Rick 的一本为研究生写的野外生态学课程的讲义。起初只有几页，随后逐年增厚。直到大约十年后，在研究生院工作深受教学苦恼的 Mikaela 看到这些材料后，觉得这些材料可能会对其他人有用。她把此作为一个有趣的项目开始着手组织这些材料（很严肃的哦！），并增加了一些新的材料。

我们当时并不知道谁将会阅读这本书。现在我们知道，本书的大多数读者是潜在的和在读的生态学专业的研究生。因此在第二版中又增加了一些我们认为对研究生有价值的建议和信息，例如，如何更有效地阅读，如何进行创新性思考，如何找到一份生态学的工作。与此同时，还有一些方面的变化，例如越来越多的生态学家在使用调查和其他观测技术来认识大自然。所以在第二版中，Rick 和 Mikaela 邀请 Ian 加入，撰写了有关模型构建技术、调查分析、处理空间和系统发育聚集观察方法相关的内容，以及其他方面的设计问题，也在书中加入了他的观点。

从大学生到研究生是一个很大的转变。重要的事情已经变了。一方面，评价和考核学生的标准变了。作为大学生，学好功课，考个好成绩，就是好学生。但作为研究生，除非你正要从硕士研究生升级到博士研究生，一般说来考试成绩已经不重要了。研究生毕业后成功的评价标准是学术论文的发表，在某种情况下，还有基金项目。所以，你在读研究生期间，首要的事情就是发表学术论文。

我们希望这本书能对你们学习生态学和从事生态学研究提供更直接的帮助。

Richard Karban
Mikaela Huntzinger
Ian S. Pearse

本书的目的

生态学专业的学生都要学习生态学原理和生态学理论等课程。我们一般会通过一些对学科形成有影响的重要的研究实例让学生熟悉这个学科。但是,我们很少思考我们自己如何做生态学研究。要做好生态学研究,需要哪些技能呢?我们如何发展这些技能呢?这本小册子的目的就是试图提供一些比较实用的如何做好的生态学的建议。本手册的主要读者对象是正面临开发令人兴奋的生态学研究项目的学生和生态学工作者。

我们在书中将考虑不同的生态学研究途径,并讨论它们的优点、缺点和实用性。我们将特别强调对实验假说的验证,这是当今多数生态学工作者比较欣赏的研究途径,也是我们最熟悉的研究途径。我们还将介绍如何设计一个实验,如何分析数据,如何解释实验结果等方面的“秘诀”。对于很多生态学家感兴趣但又不能通过操纵实验来进行验证的问题,我们也介绍如何研究和分析观察调查的技术方法。最后,我们对于如何与他人进行更好的合作,如何撰写文章,如何进行演讲,如何撰写申请书,以及如何提高其他技能等方面提出了一些建设性的建议。

中文版序

做科学研究不是一件容易的事情。做研究需要思考所研究的科学问题、实验处理、设置对照、影响因素和统计学意义，还有许多层出不穷的新概念等。做研究还需要阅读海量的文献，以及学习如何将我们自己的工作写成论文发表。我们三人当年在读研究生的时候，都感觉这是一个挑战，有时甚至感觉这是一个非常大的挑战。好在我们的母语是英语，阅读文献会方便一些。我们也经常会想，如果母语不是英语的人，要完成这个工作那该有多么困难啊。Mikaela和Ian都曾在德国学习，已切身感受到了这种艰辛，这还只是在这两种相近的语言之间进行转换，就已经被折腾得够疲惫了。让我们感到兴奋和欣慰的是，母语是中文的朋友们，不用再受这种折磨了，现在有机会阅读本书的中文版了。

我们认为科学是一个跨越民族和语言障碍的团结因素。（实际上，我们经常在想我们与世界上其他科学家的共同点比我们与本国其他公民的共同点要多。）除了文化差异之外，国际科学家联合体在很多方面都具有一些共同的特质，如科学家们都很重视利用证据去获得关于自然界的新知识。我们非常感谢本书的中文版可以使中文读者很容易理解关于如何做有意义的生态学研究的相关思想和方法。在此，我们向花费精力翻译本书的王德华博士表示衷心感谢。我们相信，他的努力将会使我们都受益。

Richard Karban

Mikaela Huntzinger

Ian S.Pearse

Preface to the Chinese Version

Doing science is difficult. It requires thinking about research questions, treatments, controls, confounding factors, statistical significance, and countless other new concepts. It also involves reading a mountain of research literature and learning to participate in the discussion by writing up our own work. When the three of us were graduate students, we found all of this to be challenging and sometimes overwhelming. And we got to do it in English, the same language we spoke at home. We have often considered how difficult it would be to do all of this work in a language so different from English. Both Mikaela and Ian studied in Germany and know from personal experience that it can be exhausting to move between just these two related languages. In short, we are delighted that you, as native Mandarin speakers or speakers who read Mandarin more easily than English, have access to a version of this book that is in Mandarin.

We see science as a uniting factor that crosses national and linguistic boundaries. (In fact, we often think we have more in common with other scientists around the world than we do with other citizens of our own country.) Despite cultural differences, the international community of scientists has some values in common. For instance, we all care about using evidence about the natural world to gain new knowledge. We are grateful that this translation allows you to easily read our thoughts about doing meaningful ecology research. We thank Dr. Wang Dehua heartily for making the tremendous effort to translate this book. His translation benefits us all.

Richard Karban

Mikaela Huntzinger

Ian S. Pearse

第二版译稿说明

《如何做生态学》(*How to Do Ecology*)的第一版中文版于2010年出版。让我欣慰的是,这本小册子一出版就受到生态学专业的研究生和科研工作者的广泛欢迎。

学术独立对于一个研究生或年轻学者是非常重要的。成为独立科学家,需要很多方面的训练,如需要独立提出科学问题,独立申请、负责和完成科研项目,独立写作和发表学术论文等,通过科研训练培养自己的科研素养、科学思维、科学品味和科研技能,培养独立提出问题与解决问题的能力、拓展新领域的魄力、与同行的沟通能力和合作能力以及管理实验室和领导团队的能力等。很多年轻学者在工作中困惑的问题,都可以从这本小册子中受到启发和鼓励。

2014年原著出版了第二版,高等教育出版社的李冰祥编审联系我,希望我对新版进行更新翻译。没有想到,这件事情竟然拖了这么久。在客观上,第二版补充了不少新内容,新章节容易找,分散在书中的一些小的修改,无论补充的,还是删除的,都需要一段一段地进行对照,这的确花费时间,所以几年来总是拿起来又放下,再拿起来又放下,这样断断续续,加上手头的其他杂事一多,更新翻译的事情就搁置下了。

其间编辑也有多次催促,但我总是给自己找理由。最后我求助于我的研究生,让他们帮我查找出作者新补充和删除的内容,并进行了初步翻译,研究生闻靖、薄亭贝、唐丽秋、吕金珍和刘敏等花费了不少时间和精力,感谢她们。特别感谢研究生邓可,他帮我翻译了新补充的一章“通过调查探索模式”的初稿。

特别感谢李冰祥女士,她认真通读了译文,对漏译的、错译的、翻译不确切的、表达不准确的和不通顺的,都做了极其详尽的校对。我在对照修改的时候,深深为她的认真、敬业和负责所感动。没有她的帮助和督促,我可能还要拖下去。还要感谢柳丽丽编辑的帮助,她出色的编辑使得本书得以顺利出版。

受个人水平所限,对原著中有些内容的理解难免有误或有偏差,翻译不当的地方,请读者见谅并指出。

山东大学生命科学学院　王德华

2022年1月30日

第一版译者的话

《如何做生态学》(*How to Do Ecology*)是一本对初学者非常实用的指导书。这本小册子针对研究生和初学者面临的许多具体问题,简明而重点地论述了如何做生态学,如何做好的生态学(do good ecology)。

作者根据多年的教学和实际科研经验,深入浅出地论述了如何选择一个科学问题,如何提出科学问题,如何在工作中综合观察、实验和模拟等研究途径,如何向同行介绍自己的工作,如何发表自己的工作等研究生们经常遇到的实际问题,还列举了初学者们经常犯的一些错误。书中的许多知识和建议是研究生们急需知道的,也是在当前我国的研究生教育和职业培训中非常缺乏的。因此,我特别向从事生态学研究的研究生和初涉生态学领域的青年生态学工作者推荐这本手册。相信这本书一定会使你受益良多。

新的生态学思想的火花和灵感源于大自然。大自然中有无限的有趣的问题等待我们去发现,去回答。作为一名生态学工作者,一定要牢记:生态学的实验室在野外,在大自然中。所以观察大自然是第一位的,任何室内实验都不能替代野外观察,当然今天我们进行任何观察也都应该有理论的支持。手册专门对如何用实验验证科学假说进行了简明的论述,这部分内容在国内同类著作中是不多见的。

在翻译的过程中,我切身感受到了自己才疏学浅的尴尬,多次感觉自己没有能力驾驭语言的表达。原文的语言表达非常精美,有些地方很生动很幽默,但很遗憾我没有能力将其表达出来,对此只能对读者说抱歉。当然,由于自己理解上的局限性,相信在许多地方可能曲解、甚至误解了作者的原意,恳切希望读者能指出翻译中的一些不足和错误。

借这个机会,我要感谢中国科学院西北高原生物研究所的边疆晖研究员、沈阳师范大学生命科学学院的杨明教授和聊城大学的赵志军副教授,通读了全书的译稿;感谢中国科学院动物研究所的张学英博士、汤刚彬博士和博士生杨慧娣,以及动物生理生态学研究组的所有在学研究生,阅读了译稿的部分章节,他们对译稿提出了许多很好的修改建议。

最后特别感谢李冰祥编辑向我推荐这本书，更感谢她对我的极度耐心和一次次的鼓励。

中国科学院动物研究所　王德华

2010年2月6日

选择一个科学问题

1

第　一　章

开展野外生物学研究,最关键的一步可能就是要选择一个有意义的科学问题。很不幸的是,对于年轻的生态学工作者来说,这个特别需要首先解决的问题,却是在他们还没有任何经验的情况下必须要面对的。例如,你可能由于对一位教授所从事的研究领域感兴趣,从而进入了研究生院学习。但在多数学生的求学生涯中,他们在这个时期对许多主题都会很有兴趣而没有什么偏爱。所以在这个时候强迫他们做出选择而专注于某个领域是困难的,也是很痛苦的。

你要选择的科学问题,应该能够反映作为一个生物学工作者的奋斗目标。如果你是一个新生,你希望顺利毕业的短期目标相对于你的长期目标来讲,可能是微不足道的。将眼光看得远一些无疑很重要,即使在开始阶段也是这样。大家普遍的中期目标是能够得到第一份工作。对于多数工作来讲,如在研究型大学、规模较小的文理学院、联邦机构、一些非营利组织等,选拔委员会一般都想看看你是否有较好的研究及发表论文的经历,尽管这个岗位可能并不要求从事研究工作,也不需要发表很多论文。框 1 对这个问题进行了说明。选拔委员会希望知道你有能力促进这个领域的发展,并能有效地进行相关交流。他们也许还希望了解你的其他资格和经历,如教书等。我们将在第 7 章介绍在生态学领域中找工作的策略。要实现一个目标,比如找到第一份工作,同样需要你建立一个中期计划,比如你的计划中可能包括解决一个修复中的问题,再比如如何将一个私有的土地和庄园等恢复到具有一定水平的生态功能。一些比较偏重理论研究项目的中期目标或许是让人们重新思考对物种多度或物种分布起重要和决定性作用的那些相互关系。

一个人的长期目标一般是很难描述的,但这确实又是很重要的。(如果你不相信这一点,可以找一些有资历的研究者聊聊。有些人从未停下来认真想想他们真正看重什么,真正想要什么。认真思考你的长远目标和理想追求,这会使你工作时更加愉快。)你可能想尝试的一些长期目标包括:你试图影响你和他人对某一生物学分支的思考或实践,或者我们应如何去管理一个生境或者一个物种。这样的长期目标可以作为一把标尺来衡量你对课题的选择是否合适。你选择的目标应该适合你自己,而不需要考虑是否适合你的导师(导师可能会认为你从事非科学研究就是浪费时

框 1　研究经历对于将来从事非科研职业的人们的重要性

即使从事科研工作并不是你的长期目标中的一部分，在你攻读学位时投身到科研中去也是很值得的。做科研的过程能使你深入理解生态学，如果你不做这方面的研究是很难做到的。

- 自己动手做实验可以帮助你理解个人偏见、先入之见和观点是如何塑造课本中出现的生态信息的。
- 进行一项独立的实验有利于你将科学方法和个人的思考结合起来，随着时间的推移，这样你就可以理智地去分析一些报告和研究文章，同时也可以更有效地对他人进行相关信息的传播。
- 撰写论文的过程可以帮助你更有效、简明和清楚地表达自己的观点，即使写作能力很好的人也会受益。

仅仅通过阅读是不可能获得以上这些以及其他的一些思想和技能，而如果你将自己真正沉浸在研究中，这些技能和思想是可以获得的。除此之外，你还可以享受到科学研究的乐趣。

间），也不需要考虑是否适合你的父母（他们可能会认为只是完成一篇理论性的论文将来你可能会找不到工作）。参考第 7 章“如何找得一份生态学方面的工作”一节，以此区分你和他们的目标。

从一开始，你就要把短期、中期、长期目标作为自己的研究问题。试着推动自己提出既满足你的目标，又能引起他人兴趣的问题。同时，不要让对完美问题的追求阻碍你取得切实的研究进展。弄清楚你希望自己的研究问题是窄是宽。你自己必须认识到，如果只是想回答一个比较具体的问题，你的结果可能只是被一个很小的团体认为是重要的。学术界对一些具有普遍意义的问题更感兴趣。但是如果你的问题太具有普遍性（理论性），那你一定要问问自己，这个问题是否能反映自然界的真实性？哪怕至少有一个实际物种的证据也行。在你脑海里要时刻有一个模式物种，这会使你的研究更具真实性，也会增加更多读者的兴趣。

如果你所研究的问题比较具体，那么试着问问自己你的结果是否能更具普遍性？如果你从应用性质部门获得资金资助，你可能会需要回答关于渔业生物学、恢复等具体的、非概念性的问题。用更概念化的术语来回答你的问题大概是不可能的。如果是这样的话,你可以补充一个更具普遍性的问题。比如,你的具体问题可能是什么动物访问只在夜间开放的花朵。更具普遍性(也更有趣)的问题可能是哪些访客能成功地给花授粉,以及花和访客的哪些特质更有可能促成授粉。后一个问题的答案对读者会更具吸引力。

你的问题不应只具有广泛的概念兴趣,同样需要尽可能地具有新颖性。从某种程度上讲,所有的项目都必须在一定程度上是原创性的。我们都希望听到新的故事和新的想法,而生态学家则非常重视新颖性。具有创新性的课题也会容易得到更多的资金支持。如果你提出了一个在其他研究系统中早已经解决了的问题(即在相似的环境中使用相似的研究对象),那么你就应该思考如何做才能使你的研究不同于以往的其他同类研究。也就是说,如果你想开始一项新的课题,而没有思考出一个有新意的问题,一个有用的办法就是去重复一个引起你关注和想象的实验或研究。有时候从重复一项已经发表了的研究作为起点,可能使你很快就能摆脱困境开始工作,并逐渐进入一个激动人心的新的研究领域。

政策制定者们则很少考虑课题的创新性,他们更关注的是课题的科学性。因此,如果我们从一些需要你去回答一个具体的政策问题的机构获得项目,我们前面刚提到的创新性就不适合了。也就是说,你必须要去平衡你的同行们所关注的科学问题的创新性和提供资金资助者们所关注的具体问题的科学性。你的第一任务当然是要首先获得资金资助者所需要的相关数据;但是,如果有可能的话,在你的研究中提出其他补充性的问题,这些问题可以使你得到可发表的研究成果。

所以你要找的问题对你的目标要既具体又普遍,既新颖又切题。你可能会为此苦恼多年。在开始一项研究前,不要使自己纠缠在如何使研究更加完美等这些方面(框 2)。在我们这行中,经常导致不成功的人格特征之一就是完美主义。野外研究从来就不会趋向于完美。例如,不要老是想在做任何工作前你都需要阅读更多的文献资料。能够广泛阅读当然是很好的,但是你需要从观察中、聆听中和思考中去获得更多的关于你的研究系统的相关信息。除此之外,如果期望整天坐在办公桌前,想出一个能彻底改变这一领域的完美研究那更是不现实的。革命性的科学问题不是凭空提出的,这类问题的产生是需要一个过程的。你起初提出的问题可能会碰壁,也会陷在你以前从未思考过的一些问题和现象之中,但你很快就会提出一个非常不同的问题,且这个问题明显要好于你刚开始提出的那个显得有点幼稚的问题。如果我们不去认真构思,任何项目都不会有进展。

框 2 对三类生态学工作者选择科学问题的建议

可以将生态学工作者分为 3 类:

(1) 完美主义型:这类学者的实验总是迟迟不能开始。

(2) 匆忙型:这类学者充满活力,总是在还没有认真考虑清楚其研究的目的之前,就急于开始实验。

(3) 适合型:这类学者介于(1)和(2)两者之间。

如果你是一个完美主义者,由于你还没有将问题考虑完美而不能开始实验,那么我们的忠告是你尽管走出去,去开始你的实验工作。你从事一项不完美的实验的经历和思考(先不要说发表论文)将有助于你未来的发展和提高。

如果你是匆忙型的学者,你发现你开始了上百万个科研项目。我们的忠告是,先停下来,仔细考虑一下,问问自己这些科学问题中哪一个在学科领域中最有可能有所进展,更重要的是要清楚哪一个能激发你的热情并使你能持久研究下去。

如果你是处在这两个类型之间的学者,那么只需要保持清醒的头脑就可以了。

从提出一个“小问题”开始是一个比较好的选择。所谓的小问题是指对于你的研究系统而言问题比较具体,并且进行重复研究的可能性很小。小问题经常比大问题会产生更多激动人心的事情。由于其研究目标比较实际,很少的数据就可以很容易达到实验的目的,而且花费的时间也少。想象一下你要研究鹅卵的被捕食率。这些卵在野外很难被发现并且具有高度的季节性。那么你可以用从商店里购买的三箱鹅卵进行一个小的预备实验。虽然你的预备实验对于鹅卵的被捕食率可能不会有确定的答案,但将会对于如何开展自己的项目有一些有益的启发。如果预备实验的结果与所期望的结果相符的话,那么这些结果就为下一个大的项目奠定了基础。如果预备实验的结果与所期望的不相符,那么你可以将其作为一个新的科学假说的基础。几乎我们所有的长期研究项目都是从一个小的预备实验开始的。

野外工作是很艰苦的。许多关系到实验成败的因素往往是我们不能控制的。你应该多问问自己你的想法是否可行,你是否愿意为你提出的问题找个答案?你是否具备相关的资源和知识去完成这个项目?野外工作很复杂,为了能反映实际情况,建议你同时进行一系列的前期研究。如果你清楚你希望回答的一个很具体的问题,那么最好在同一时间内在多个系统中进行这个实验。很快你就会发现,某些研究系统的逻辑组织要比其他系统困难得多,而生物学上的细节信息又使得某些系统更易于回答一些特定的问题。格雷戈尔·孟德尔(Gregor Mendel)研究豌豆是一种幸运的巧合,豌豆这种材料特别适合回答遗传的本质问题。也有些学者试图提出相似的问题,但很遗憾他们没有找到合适的研究系统。由于大多数野外项目是不能成功的,因此你要有多种可能的选择,而去尝试最有希望的那一种。千万不要由于一种尝试失败了就气馁。成功的人从来不会告诉你他们那些失败的项目。如果 7 个项目中有 2 个成功了,你就是非常幸运的了。

一个所谓的好项目,最基本的条件是你应该对此感到无比有趣。从长远来看,最成功的人都是那些工作最努力的人。无论你从事什么学科的研究,如果你感到不是一种负担,而是有一种激情的话,要做到努力工作是很容易的。正如中国的教育家孔夫子说过的:“知之者不如好之者,好之者不如乐之者。”选择一项能够刺激你的智慧和才华的项目,你就会很有兴致地去实施所有野外项目中都存在的那些令人厌烦的工作。如果你对你的问题和系统有无限的兴趣,你就会静静地站在瓢泼大雨中,通过他人无法忍受的重复,来获得你所需要的足够大的样本数量。

选择一个研究项目有两种途径:或者从问题开始,或者从研究系统开始。实际上这两种途径的不同并没有我们想象的那么大,因为通常你要在两者之间来回思考,最后产生一个好的项目。因此,不管你选择从哪种途径开始,都需要明确满足与之相关的一系列参数指标。

许多成功的研究都是从一个科学问题开始的。由于特别的原因或者是存在潜在的结果,你或许对一种特殊类型的相互作用或者模式更感兴趣。例如,你可能对“越复杂的生态系统越稳定”这个假说感兴趣。你可能对这种假说的关联性也感兴趣,因为如果这个假说正确的话，它可以对保护生物多样性提供可靠的依据。如果这个假说不是普遍正确的话，生态学工作者就不能以此作为保护政策的基础。由于许多研究都已经考虑了这个问题，你应该考虑一下生物多样性和稳定性之间假设联系的底层是什么。以前的研究是否已经关注了这些关键的因素？关于这个问题是否还有新的没有被关注的地方？是否存在科学家认为理所应当但从未检验过的假说？尽管这个问题已经被许多学者研究过，也仍然有一些值得进一步研究的方面。

如果你是以提出一个问题的方式来开始项目，你需要找到一个合适的系统（对象）来进行研究。这个系统应该位于方便的位置。例如，如果你没有旅行的钱，可以选择一个离家近的；如果你不喜欢徒步，那就选择道路附近的。你的研究对象或过程应该是常见的，以便获得良好的重复。比较理想的是研究系统应该受到保护，免受好奇的人和动物的破坏（或者对你来讲应该能将这些风险最小化）。你的研究系统应该便于对实验处理做相关的修改，并便于实验观察。你可以根据文献中那些相似的研究中所使用的研究对象，或通过咨询周围的人，或者根据野外站的相关资源或者离你的住所不是很远的一些保护区域等，来确定自己的研究对象。所谓合适的研究对象主要取决于你要回答的特定科学问题。如果你的科学问题要求你去了解你的实验处理如何影响适合度，那么你就应该选择一个一年生的物种，而不是选择那些吸引人但寿命长的物种。如果你的假说依赖于一个长期的协同进化史，那么你就应该考虑去选择土著物种而不是那些新近引进的物种。（顺便说一句，人们很容易趋向于去选择原始的生态系统作为研究系统。这暗示着一直存在的一个争论，就是只有在那些还没有受到人类活动影响的地区，我们才有可能认识到自然的真正本质。我们怀疑这样的地区是否今天还真正存在。可以肯定的是很少受到影响的那些地区是很吸引人的，并且是很有趣的，但是它们也只是代表了地球生态系统的很小一部分。关于自然是如何工作的，仍然还有许多大的问题没有解决。这些问题可能就在你的后院里时刻发生着，不管你住在哪里，我们可以证明这一点，因为我们曾在一些不起眼的地方工作过。）

很危险的一个做法是削足适履，通过缩减系统来适合你的假说。如果你的研究是从一个问题开始的，一定要保证你愿意对这个问题寻找正确的研究系统，并愿意对你的问题做必要的修改，使之与你所选择的系统的自然史相匹配。你不可能使你研究的有机体具有别样的自然史特征，因此你必须愿意接受并处理你所面对的现实。

如果由于你的兴趣、经费来源、导师，或者其他什么原因，使你的研究需要从研究有机体或系统开始，那你需要做的是去寻找一个科学问题。经常面临的问题是一种有机体可能是解决某一类问题的模式生物，但并不适合用于解决另一类问题。如实验室中常用的果蝇(*Drosophila*)和拟南芥(*Arabidopsis*)，其野外生态学特征我们现在就知之甚少。如果人们已经利用某个模型系统，提出了一类科学问题，那他们一定是对这个系统的自然史有了比较好的了解，但是还没有人提出你想到的问题。如果你已经有了一个模式系统，但还没有想出科学问题来，那么你应该先将精力集中在广泛阅读上，从中找出一些令人兴奋的和感兴趣的问题来。

如果你还没有考虑好一个模式系统，但希望自己以后也应用这个思路，那么你最好是走到大自然中去，花费一点时间，只是看看那里都分布一些什么样的生物。在你的笔记本上，列出可能作为研究对象的生物系统和科学问题清单，以便你以后仔细和优先考虑。另一个有用的途径是从你观察到的一个自然生态格局开始。首先，需要对这个格局进行量化。例如，你可能会观察到在你所研究的区域内蜗牛的密度出奇得高。然后，你就想知道这种蜗牛的密度是否存在着自然变异呢？是否在某一些微生境中蜗牛的数量要多一些呢？密度的变异是否与行为学特征相关呢？例如，是否蜗牛在一些区域会有很高的活动性而在另一些区域内就会处在夏眠状态呢？是否存在个体变异呢？是否存在某个微环境中的蜗牛的个体比较大的现象呢？是否个体大的蜗牛活动性会高呢？等等。一旦你已经量化了这些变化格局，就可以提出更多关于它们的问题：① 是什么机制导致了你所观察到的这些格局？② 这些格局对于个体和其他生物体会产生什么样的结果？

即使你所观察的格局已经被有些学者描述过，同样还会有一些很重要的课题需要做。如果是一个很重要和普遍的生态格局，虽然它很可能已经被很多人描述过了，但关于导致这种格局的生态学机制很可能并没有被系统研究过。理解生态学机制,不仅可以进一步理解生态过程是如何进行的,还会了解所产生的效应,以及预测这种格局会在哪些地方产生。阐明一个众所周知的格局的生态学机制,对学术界无疑是有重要价值的。试着列出那些可能的机制,然后制定计划、收集数据来验证每个可能的机制。还有一个可能性是,这种格局所导致的可能的生态学后果还没有被描述过。这个格局是否对表现出这种格局的有机体的适合度会产生影响?是否会对种群动态产生影响?是否影响与其相互作用的其他有机体的行为特征?只要你能圆满回答这些问题中的任意一个,作为你的学位论文就足够了。

不要以为问题看起来很明显就认为已经被研究过了。例如,成千上万的研究描述过鸟类对植食性昆虫的捕食,但是关于捕食对植食动物和植物适合度影响的研究几十年来探索相对不多(Marquis 和 Whelan,1995)。最近,人们发现鸟类捕食的影响因树种而异(Singer 等,2012)。再如,尽管周期蝉是北美东部阔叶林中的主要优势种类,但它们与其寄主植物和群落其他部分的相互关系在很大程度上是未被探索的。成年蝉的大量死亡会刺激土壤微生物和影响植物群落(Yang,2004)。简而言之,即使是在众所周知的系统中,仍然有许多有趣的未回答的问题。

有时候生态学工作者会受到研究经费的制约,或者受实验室研究背景的制约。如果是这种情况,所有好的问题有可能已经被研究过了。请你再一次考虑这些问题:每个人的研究会有什么样的生态学后果呢?例如,如果你所在的实验室中的每个人都在从事一种食草动物由于捕食者诱导产生的形态学变化的研究,那么再多一种关于捕食者诱导的反应特征的描述可能已经不是什么新发现了。这时或许你会问:不同的形态学特征会对适合度有什么影响呢?或者,你可以反向提出问题:捕食者和竞争者对具有不同形态特征的食草动物是如何产生反应的?

一旦你选定了一个科学问题,并且收集了部分数据,这样你就知道可以去回答这个问题了。下一步就需要思考如何做到对这个问题回答得尽量圆满些。一个完整的故事比一堆杂乱无章的松散相关的文章更有说服力和令人满意。把能充实你故事的最好问题和你能合理回答的问题排在前面。关于如何将研究组织成一个引人注目的故事的建议请参考第 8 章。

下面列出一些问题,可以帮助你进一步完善你的研究:

(1) 考虑提出产生这些格局和你观察到的结果的另外的新假说(见第4章)。

(2) 思考一下你研究的现象是否具有普遍意义。例如,你可能想在其他野外地点重复你的实验来产生新结果,你也可能想在另一个物种上去重复这个实验。

(3) 观察你所研究的现象在真实的时间和空间尺度上是否还成立。例如,如果你只在一个小的尺度上进行了一个实验,由于这个物种的分布很广,那么你的结果是否适合更大的尺度呢(见第3章)?

(4) 如果可能,最好在你所观察的格局水平之上(结果)和之下(机制)的层面进行研究。什么样的生态学机制可以产生你所观察到的格局?这种格局会影响其他哪些生物体或过程?

你不可能对所有列出的这些问题都能找到答案,但是你的故事越圆满,你的工作就可能越有价值,也会越受到关注。要回答这些问题,每一个都需要你去花费很多的时间和精力。因此不要期望你能解决所有的问题。

提出研究问题可能让人望而生畏。如果你把想法的产生与批评分开,你会产生更好的想法。我们的父母、老师、朋友和社会教会了我们要审查自己的想法和倾向。如果做不到这一点,就会很丢脸,就像福柯(Foucault)的圆形监狱告诉我们,我们甚至在意识到这些可能是“不正确”的想法之前就压制了它们(Foucault,1977)。为了产生新的想法,需要暂时关闭我们大脑中的审查器。要乐于接受那些蹦出来的愚蠢的想法,有创意的想法大多是基于那些愚蠢的想法而产生的。所有领域中创新型的人一般具有两个特质:忍受不确定性的能力(复杂问题的混乱)和敢于冒险与接受失败(Feist,1998;Martinsen,2011)。

我们的大部分学术训练都涉及对他人观点的记忆和批判。但是,除非我们产生新的想法,否则科学就不会进步。我们并不是天生就具有创新性和原创性的思维能力——我们是培养出来的。例如,我们发现,通过使用框3中描述的迭代写作练习,可以提出新的、更丰富的想法。这种方法鼓励你冒一些低风险。

框 3 如何产生新的想法

我们比较喜欢的一个被称为迭代写作的技巧(Ian 称之为“迷幻之旅”)。这个练习看起来有点古怪,但我们发现很有效,即使不是来自加利福尼亚的学生也发现很有帮助和有趣。

活动开始前,需要做以下准备:

(1) 准备好两张大纸,几支不同的笔和一支荧光记号笔。

(2) 在第一张纸上,写下你想考虑的问题,如“我的研究问题是什么?”或者“这次野外工作我该做什么?”或者“我的结果说明了什么?”

准备好了后,就开始做下面能够帮助你对你的问题产生有趣的回答的两件事情:放松自己和写出你的想法。

首先要做的是放松。不管你信不信,现已证明一些放松技巧可以提高想法的原创性和数量(Colzato 等,2012)。我们喜欢做全身心的放松,包括有意识地考虑身体的各个部位(“放松你的脚趾、脚和脚踝”,然后“放松你的小腿肚子和膝盖”,等等)。

当按照你的方式,已经做完颈部和脸部的放松活动时,“唤醒”你用于写字的那只手。

现在开始回答你在页面顶部写出来的问题。你是唯一需要看到这个作品的人,因此放开思维,记录下一切你所能够想到的。记住,这时不要做任何审查,只是写下任何你所能想到的,不管这些与你的问题相关还是不相关。也许你感觉思维已经枯竭,想不出任何值得要写出来的东西。我们也已发现往往在这个时候就会想放弃。但是很神奇,如果你继续写的话,事情就会有好转,即使你写下“我不知道要写什么”或重新写你已经写过的内容。最好是冒险一点,写一些有点疯狂的想法。你很快就会发现你又有了更多新的想法。

这样做大约 10 分钟后,抓起荧光笔,很直观地标记出那些吸引你的单词或短语。这时不要过多思考,依然保持其松散。把标记的单词和短语抄在第二张纸上。

然后用新的单词和短语继续写。有时候你会发现你在回答自己的原始问题,也有些时候你会发现走向了另一个方向。这都不要紧。

再过 10 分钟左右,重复抄写短语的过程。如果你感觉很有效,利用这些短语作为新的出发点继续写。

当你感到自己写完了(一般需要 20~40 分钟的时间),放下你手中的笔,慢慢地“醒”过来。

当你完成这个放松和迭代写作的过程后,起身休息一下。过20分钟或两天后,当你感到准备好了,就可以开始评判你写下的内容了。你会发现有些想法很离谱,有些想法很蠢,但希望你能产生一些从来没有过的很酷的想法。如果你有分享的意愿,你可以与他人分享。当然,这只是一个开始,由于你的想法还需要进一步完善充实。

如果你觉得这个技巧有效但你自己不能忍受用笔写出来,你也可以试着在计算机上写。先下载一个免费的 OmmWriter 软件,它用一个模糊的雪景背景替换掉你屏幕上的所有内容,它可以任意打字但没有格式,这样你就不会被那些斜体的拉丁学名,或者创建标题或小标题等分散你的注意力。你想到什么,就输入什么,不用去进行判断。我们建议你甚至不要看你正输入的那些单词,避免让你去判断或去改正你的拼写错误。

我们还喜欢这个技巧的另一个版本,除了(或因为)不是很正规,这是一个真正取悦研究生的版本。在这个版本中,你是把你的想法画出来,而不是写出来。你需要准备一张大纸和彩笔。把你的问题写在纸的顶部,然后开始放松。这次,要画出你对问题的反应。动手画是第一位的,只有在万不得已的时候才使用单词。不要担心画出来的是不是一幅画,即使看起来像你研究的野狗的简笔画也不错。这个技巧的关键是,要促使你画得超出你的想象。如果你一直坚持到感到有点不舒服了,就见效了。然后继续追问,“有没有可能我还可以再加点什么呢?”同样,这个阶段也不要过度思考,只是让你的想法涌现出来。

当产生想法的时候,把评判放在一边是很重要的。但如果你想让这些新的想法得到回报,你需要回到你所写的和你所画的上面来。下一个阶段就是进一步凝练而形成一个有意义的研究计划。

另一个产生创造性想法的重要方法是让你的研究对象重新引导你的问题。科学上的许多发现都是未经计划的。当你回答一个问题时,你很可能会看到你没有想象到的事情。有可能其他人也没见过它们。与其强迫你的研究对象回答你的问题,不如让它们向你显示新的问题。广泛阅读,这样当你偶然发现某件事时就会意识到它是新奇的。最重要的是,要抓住机会!

2

第　二　章

提出问题(或选择一种途径)

你提出的科学问题关系到你能学到的生态学知识的程度。你脑海中已经形成的那些印象和你的直觉,将会决定你选择要考察的那些因子,而这些也会限制你的研究结果。生态学工作者在做研究的时候会采用多条研究途径,这些不同的途径也会影响研究结论。对于你提出的科学问题的回答,将使你形成关于自然世界运行规律的观点。决定采用哪一种研究途径进行研究,听起来似乎是浪费时间的一种哲学胡言,但在现实中它确实能对你随后的研究工作的方方面面都有着重要的影响。

研究生态学的不同途径

生态学工作者会通过一些不同的途径来理解自然现象,大致可以将其分为三类:① 观察格局(模式);② 操纵实验;③ 创建模型(建模)。这三种途径在生态学研究中都很常见,相互之间并不相互排斥,各有特色。

观察格局或自然史

观察自然系统的变化格局是生态学研究中很必要的一步,因为它可以告诉我们哪些生态因子和哪些生态过程可能是重要的。观察可以使我们提出科学假说,可以去验证模型。自然史(博物学)研究曾是生态学研究的主体,但自20世纪60年代后便渐渐衰落了。当今的生态学训练对生物体的自然史背景越来越不重视了(Futuyma,1998;Ricklefs,2012)。因为实验室教学要费时费力费钱,当今的本科生教育在实验室里的教学时间比以前少多了。一些带“某某学”的传统课程(如昆虫学、鸟类学、爬行动物学等)已经逐渐变得濒危了。研究生面临着需要尽快开始学位论文工作的压力,他们在开始一个论文题目前,其实并没有多少时间去了解真正的生态学系统。对教授们来说,这也没有变得更容易,他们大多变成了“成功的”研究管理者。他们要忙着写基金申请书,以便申请经费来资助他的研究团队能继续研究那些生物体,让自己有更多的时间来撰写论文、进展报告和下一个基金申请。这样下来,我们的实验和创建模型的直觉主要来自文献,来自计算机模型,或者来自我们专业导师的直觉。我们会花费大量的时间去完善那些大家都认为是重要的东西。实际上这是一条很危险的路,这样做的后果是导致我们的学科停滞不前,失去生机,从而变得索然无味。

很明显,如果我们鼓励首先要通过对自然界的观察来学习和发现科学问题,然后再在实验室内进行控制实验和建立模型,这将会促进我们的生态学研究。对于开展一个好的实验和建立一个好的模型,观察是绝对必要的。比如,由于逻辑上的限制,操纵实验(或称控制实验)一般只能控制一个或很少几个因子。当然,实验者对于因子的选择对于实验的结论是非常重要的。例如,如果我们要验证"竞争会影响群落的结构"这个科学假设,通过这个研究我们将会了解更多的关于竞争的知识,当然我们对那些没有控制的因子的作用会了解很少(比如:促进作用、捕食、非生物因子、遗传结构等)。用尽可能少的假设来观察你研究的有机体或系统,以便让它们给你一些提示。

一项有意义的实验首先要求我们有一种好的直觉。培养直觉的最好的方式就是到野外去直接观察研究对象。很遗憾,如今我们几乎都"没有时间"去观察大自然。指导委员会和终身教职评审专家不太可能建议在这些方面去花费宝贵的时间。但是,直接的野外观察对于你在基于现实的基础上形成有新意的工作假设是绝对必要的。所以,你一定要挤出时间去熟悉研究对象。如果由于功课和其他方面的原因而特别忙碌,那么在开始实验前,你应该腾出两天时间来观察你的没有进行任何实验处理的研究对象,或者回忆你脑海中已经事先形成的那种直觉。与实验室的同伴或同事一起做这些通常会有帮助。反过来也是正确的;去花费一天时间,就你一个人,没有任何分心的事情,集中精力观察你的实验对象,那也会是非常有益的。即使已经设计好了所控制的因素,你也需要继续监测你的研究对象在自然界中自由活动时的各种变化情况。这对于解释你的实验结果和更好地设计下一年度的实验是很有帮助的。例如,当年 Mikaela 的第一个研究项目开始时的实验计划是测定在有森林覆盖的山包上火对蝴蝶的聚集有什么作用。她在第一个季节里密切关注着蝴蝶的变化,发现多数蝴蝶主要是利用河岸的生境,这些微生境是火生态学者们从不关注的。这就导致了她次年进行的第二个实验与最初所计划的实验相比包含更多的信息(Huntzinger,2003)。

牢记随时携带野外记录本,这将会帮助你整理和利用你的那些野外观察结果。仅凭自己的记忆,要想记住观察到的所有细节实在是太困难了。最好是将你观察到的事情先草草地记在记录本上,尽管有时候看起来这些内容似乎与你所要研究的问题没有太直接的联系。同样,在野外观察你的实验对象的时候,还要随时记录下列这些内容:关于实验对象产生的新想法(主意)、可能具有相互作用的其他物种、关于生态学如何起作用的一般想法等,甚至是一些不相干的但突然出现在你脑海里的那些想法都需要记录下来,尽管它们看起来并不重要。但过后往往你会惊奇地发现,有些观察其实是非常有价值的。

就如第 1 章所提到的,一边观察一边来确定自然中的变化格局是展开一个项目最好的方式。普通的生态学格局包括你所关注的那些生态学性状在空间和时间尺度上的变化,这种变化可以是从一个个体到生态系统之间的任何特征(如个体水平的鸟喙的长度、生态系统水平的初级生产力或者物种多样性等)。我们首先要提出的问题是,这些特征将如何变化?这种随时间和空间的变化是否有一个真正的模式?例如,不同地区的初级生产力差异大吗?哪些因素与这个反应变量(物种多样性)共变?比如,多样性的差异会随纬度而变化吗?哪些因素会随之一同改变(如物种多样性)?比如,哪些因素在从极地到赤道的变化中可以解释观察到的多样性格局?如果我们将这种变化模式以图的形式表示出来,会更有帮助(将一个变量作为 x 轴,另一个变量作为 y 轴)。这种表示方式可以使你对所研究的格局有一个感性印象,确定模式有多强以及这两个变量间的相关关系是否为线性关系。从这一点上来说,一个实验就可以确定这两个变量间是否存在因果关联。如果这种关系是线性的,那么将这个实验设计为两个独立(预测)变量水平的实验就是合适的。例如,如果传粉者的数量和结籽是线性关系,那么一个有传粉者和没有传粉者的实验设计就会提供有用的信息。如果这种关系是非线性的(暂且称之为驼峰形吧),那么设计这种只包含有传粉者和无传粉者的两个水平的实验,要比设计一个包含多个传粉者水平的实验获得的信息要少得多。

观察对于有意义的实验是至关重要的;在某些情况下观察甚至可以代替实验,作为一种获得对生态学理解的最佳方法。因为许多过程是很难进行实验控制的,这是个无奈的现实。操纵实验经常是在小尺度和短时间内进行的(Diamond,1986)。但是,重要的生态学过程往往是在大尺度上发生的,并且是不能重复的。这些过程包括一些生物体在伦理上也不允许人为地进行操纵实验。其他的有些生态过程在真实世界中也是无法简单地进行实验操纵的。例如,在实验中想要控制脊椎动物捕食者这个因素,通常无法达到实际情况的要求。因为脊椎动物捕食者的活动范围往往很大,通常比研究者们所使用的样地要大得多。去除捕食者的实验有时候比添加捕食者更可行,但可能会产生一些伦理问题。在这些情况下,或在其他控制实验不能进行的情况下,直接的野外观察经常是最可能的方法。观察实验仍然需要重复和对照来获得更多更确切的信息(参见下文“操纵实验”小节的介绍)。我们会在第5章讨论如何分析观察到的格局(模式)。

尽管将我们在小尺度上的实验结果可以延伸到更加有趣和真实的大尺度上所发生的生态过程中,但这样做往往是很难让人信服的。解决这种困局的一个方法,就是观察在大的空间和时间尺度上发生的过程,然后考虑这些实际观察是否支持我们先前的模型和小尺度上获得的实验数据。由于研究者没有随机进行选择和进行一些处理,这种观察有时候被称为“自然实验”(Diamond,1986)。

长期数据集扩大了任何实验或观察研究的时间尺度。如果有机会将你的工作连接到一个长期的调查,那是非常值得考虑的。例如,两栖类的每日调查数据来自南卡罗来纳州彩虹湾的一个池塘,并且自1978年开始连续收集。这项记录就非常有助于理解全球两栖类数量下降的原因(Pechmann等,1991)、人类活动导致的气候变化(Todd等,2011)以及其他生态问题。

与操纵实验相比,为什么观察研究在生态学研究中不那么受重视了呢?原因是观察虽然可以用来验证科学假设,但是不能确立因果关系。例如,我们可以观察到两个物种并没有像我们预期的那样经常同时在某个地区出现,这可能提示这两个物种之间存在竞争关系。在20世纪70年代早期,由于可以产生良好的理论意义,每个人都在“观察这类竞争”。但是没有观察到两个物种同时出现,可能是由于这两个物种具有不同的生境选择所导致的,与当前的竞争并没有关系。尽管目前已经发展出了一些方法去推断观察性研究中的因果关系(第5章),但只依靠观察本身是不能确定格局的起因的。虽然存在某些方面的限制,观察仍可以提供在真实尺度上关于自然史的直觉,因此用于操纵实验和建模的重要因素是可以确定的。

操纵实验

所谓操纵实验就是在实验中只改变一个因子(或者最多几个因子)。实验者可以控制这个变化的因子。在实验设计及实验过程很严格的条件下,由于只有一个因子发生了改变,那么所观察到的任何变化就可以归结为是这个因子的变化所致。这种方法对于确定因果关系是很有力的。实验处理,包括对照组,应该被随机分配,这样以保证它们是散布的(Hurlbert,1984)。然后可以用统计检验来评价观察到的实验效果是由于偶然性还是由于实验处理所导致的。这些方面的细节都会贯穿全书,特别是在本章后面部分和第 4 章中会重点讲述。

建模

建模的目的是试图将能够导致我们所观察到的行为、种群动态、群落格局等的那些有说服力的因子和过程提取出来并一般化。这个途径的优势就是它可以广泛应用于许多系统,这样我们就可以确定那些重要的影响因素。数学模型可以促使我们去细化和明确我们的前提条件,以及我们所期望的因素(如个体和物种等)之间关联的方式。由于我们经常随意地做出一些假定,构建一个模型通常总是集中我们的思维。我们都使用模型来组织我们的观察,虽然这些模型通常是用语言描述而不是用数学公式来表示。要构建一个明确的模型会促使我们对于产生一般性行为的逻辑发展过程要有特别准确的描述。模型也会使我们可以对假说的限定条件进行测定,也就是说,在什么条件下,我们的假说就不成立了呢?

模型可以一般化,也可以专门化,两种类型的模型都经常运用。一般化模型使我们能够建立变量之间的逻辑关系。专门化模型包含实际研究对象的测量参数,据此我们可以做出更详细的预测(如:一个种群能维持的最大捕获量是多少)。

一个成功的模型能使我们提出一些新的假说来解释大自然如何工作或者如何管理生态学系统。比如,理论模型预测认为自然界中的似然竞争是普遍存在的(Holt,1977)。在似然竞争(表观竞争)模型中,处于同一营养级上的两个物种似乎应该存在竞争关系,而事实上一个物种实际导致了共有捕食者数量增加,从而抑制了第二个物种(图 1)。作为这些模型的部分结果,Holt 和其他学

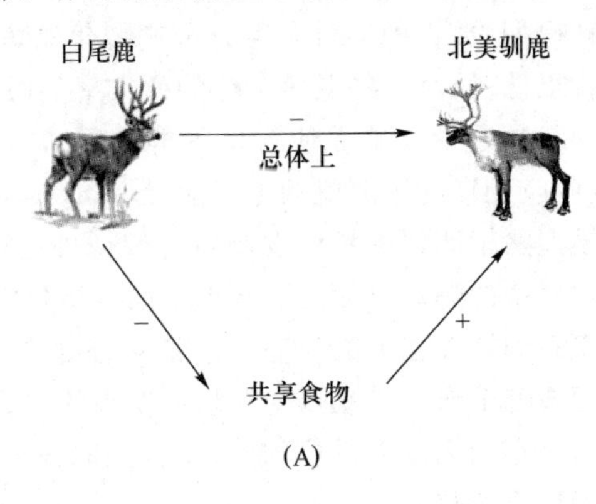

(A)

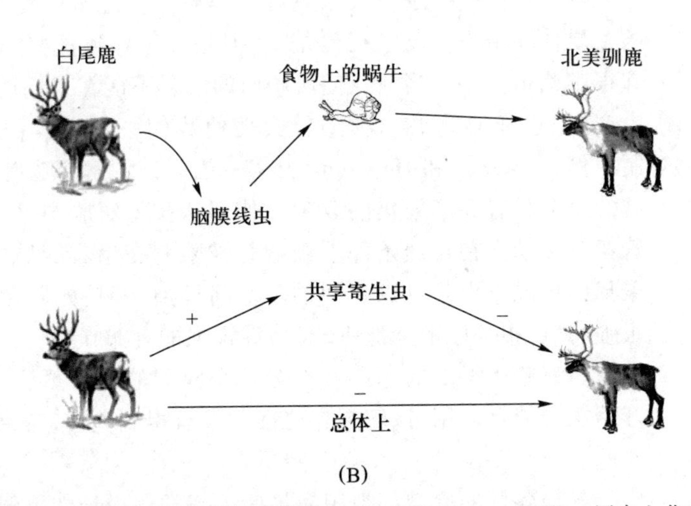

(B)

图 1　白尾鹿和北美驯鹿之间的似然竞争(Bergerud 和 Mercer,1989)。历史上北美驯鹿曾栖息在新英格兰、靠近大西洋的加拿大和北美五大湖地区。自从欧洲殖民扩张以来,记录显示白尾鹿也在这些地区定居并逐渐替代了北美驯鹿(Thomas 和 Gray,2002)。人们已经做过很多努力,试图将北美驯鹿引入有白尾鹿存在的地区,但最后都失败了。(A) 关于在白尾鹿存在的地区北美驯鹿数量降低这个现象的常规假说是:两种动物存在食物资源的竞争。白尾鹿的数量越多,就意味着北美驯鹿的食物越少(图中以白尾鹿对共享食物的负的影响来表示),但这个解释并没有得到数据的支持。现在的一个流行假说是与白尾鹿共同感染的一种脑膜线虫,导致了北美驯鹿的死亡率增加。(B) 白尾鹿是这种寄生虫的常见宿主,所以它们对这种寄生虫比驼鹿、黑尾鹿,尤其是北美驯鹿的耐受力更强。北美驯鹿是通过取食了附着在食物上的蜗牛和其他腹足类动物而感染这种寄生虫的,腹足类动物是中间宿主。

者已经考察了自然界中的这些现象,发现确实很普遍(见 Holt 和 Lawton 1994 年的综述文章)。模型还可以在设计保护和管理对策方面发挥重要作用。例如,一个精细的关于红海龟数量下降的种群统计模型表明,种群对海龟卵和刚孵化幼龟的死亡率变化的敏感性就很低,而对一些老年个体的死亡率的敏感性却很高(Crouse 等,1987)。这个结果促使海龟种群的保护工作发生了较大的改变,这些改变提高了海龟的生存前景(Finkbeiner 等,2011)。

模型除了能帮助我们发展新的假说外,还可以告诉我们去关注自然界中的哪些方面。当年查尔斯·达尔文登上加拉帕戈斯群岛时观察到许多雀类的形态和生活史都非常不同,但是当时他并没有记录哪个形态是在哪个岛屿上发现的。达尔文当时并不认为这些信息有什么意义,主要是由于他当时还没有建立起物种分化和物种形成的模型。

模型能使一些逻辑关系更容易被解读。经常的情况是,问题的重要性和结果都已经很清楚了,但是关于导致这些结果的过程却很难确定。一旦当前我们所倾向的解释不能在我们所建的模型中产生"正确的结果",模型就会促使我们去考虑其他的可能机制。例如,Maron 和 Harrison (1997) 当时试图解释为什么舞毒蛾的幼虫会具有高度聚集的现象。他们从扣笼实验中已经得知,尽管舞毒蛾幼虫在自然条件下经常是被限制在聚集区域内,但在不聚集的情况下也是可以存活的。空间模型表明,如果在捕食作用很强、扩散很局限的情况下,斑块性很强的分布在条件比较相似的生境内有趋于增加的趋势。作为这个模型的一个预测结果,他们开始探寻捕食作用,该解释在之前并没有得到验证,结果发现的确如此。

各种各样的模型都被用来检验生态学假说。如果建立了包含特定生态学机制的模型,就可以问这个模型是否符合实际数据。如果合适,人们可能会认为模型中包含的生态学机制可能正在起作用。然而,这种推理使用相关性来支持隐含的假说,即产生良好拟合的机制就是导致数据中模式的机制。这种论点很少承认其他机制也可以与数据产生很好的拟合,并且那可能是本质上的因果性质。只要你不过度解读它们,模型可能是非常有用的。

很不幸的是,建立模型和自然史观察这两个方面都会各自吸引一些怀揣不同技能的学者,双方都很少看重对方的方法。但是,今天有许多卓有成效的生态学工作者已经横跨这两个方面了。

为什么生态学者如此喜欢实验(或:为什么我们不能称这本书为《生态学之道》呢)

道,是中国的一个古语,是指如小溪般自然流动。道,就像一条小溪,缓缓地前行着,搜寻着最小阻力的河道,寻找着自己前行的路,没有惊扰,也没有破坏。生态学的道,应该是对于整个系统没有入侵性和破坏性的观察,以理解这个系统里有哪些参与者,它们之间是如何相互作用的。所以我们发现“道”是一个很迷人的意象,可以应用到生态学中。但是,现在的多数生态学者所运用的研究途径应该足够多了。在本节中我们将解释生态学者为什么如此喜欢操纵他们的研究系统。

最近几十年来,生态学研究已经发展到越来越依赖操纵实验了。研究者们对所研究的系统进行干扰,然后观察这种干扰会对研究对象产生什么影响。这种研究途径比那些被动的研究方法会提供更可信的有关因果关系的信息。理解因果关系很关键,很有效,同时比听上去也更困难。

思考一下,相对于实验数据,依据野外观察我们能有哪些方面的推断?观察可以使我们有机会去发现许多的相关性。但是,相关性对于因果关系只能提供有限的认识。一个古老的说法是:相关并不意味着是原因。Shipley (2000)指出,这个说法是不正确的。相关经常几乎就意味着是原因,但是相关本身并不能确定两个相关的变量之间谁是因,谁是果。这里给出两个例子:一个来自生活,一个来自生态学文献。

Rick 在研究生院的生活快要结束的时候,也是他看看自己的钱包里还有多少钱的时候。他拥有的唯一的一部车是 Chevy Vega (雪佛兰),很显然这部车早已经破旧得不像样子了,尽管他总是装着像没看见似的。他的女友的鼓励使他相信他将要在一个新的地方有一份工作,他应该很快就能领到薪水。女友建议他应该放弃研究生期间的生活方式,在到新单位之前买一辆新车。Rick 最喜欢的颜色是红色,但是女友从《今日美国》报上读到红色的车要比其他颜色的车出事故的概率要高。考虑到他们的安全,她建议买其他颜色的。统计学是不会撒谎的,红色的车确实比其他颜色的车危险性高。她依据的假说的因果关系是红色导致危险:

红色——→危险

Rick 没能使他的女友相信,对很多喜欢冒险的人(也许是性感的人?)来说,红色是他们的首选,而乏味的颜色对他们没有什么吸引力:

危险——→红色

最后,Rick 买了一辆灰色的车,但他现在驾驶的却是一辆红色的车。当本书要印刷的时候,很幸运他至今还没有遇到什么事故。

这个例子看起来很荒谬,不太可能发生在科学家身上(Rick 的女友是一位社会工作者)。我们可以肯定,我们已经多次看到生态学者们将相关性就认为是因果关系。例如,Tom White 观察到了一个很吸引人的现象,食草木虱昆虫的暴发与其寄主的生理应激相关。暴发经常是在湿润的冬季和干燥的夏季过后产生(White,1969)。

异常天气——生理应激——食草虱暴发

他认为植物的生理应激对其所研究的食草虱以及其他草食性动物的氮的限制程度提高了(White,1984,2008)。因此,他把这些相关关系假设为因果关系:

天气——→应激——→N 含量增加——→食草动物暴发

但是,实际的因果关系可能并非如此。例如:

天气——→食草动物暴发——→应激——→N 含量增加

或者是由于天气影响了其他一些因素,然后导致了食草动物的暴发,寄主植物并没有参与这些过程:

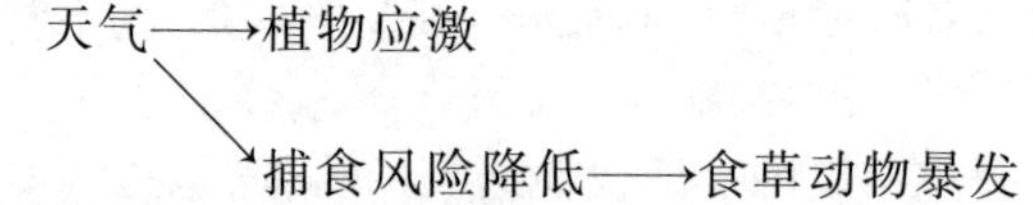

如果没有操纵实验,很难确定这些因果假设中哪些是有效的和更重要的。但是,如果微环境条件、生理应激、氮的可利用性、食草动物的数量和捕食者的数量都能够控制的话,就可以很容易地确定哪些因素导致了其他因素的变化(因果关系)。最终,White 的直觉使他相当接近真实情况了。一项新的关于实验研究的综述表明,食草动物,尤其是像 White 所研究的这些汁液吸食者,是受到持续干旱应激的负面影响的,但是间断的植物胁迫和恢复促进了食草动物种群数量的增加(Huberty 和 Dennon,2004)。

重复性的操纵实验对于原因有提供更多的有说服力证据的潜力,但不幸的是许多生态学问题并不是都能用实验方法来解决的。新的技术手段正在发展,可以从观察数据推断因果关系(Shipley,2000;Grace,2006)。这些技术包括有向图(directed graphs)(如上面带有箭头的图示)。一旦我们具体化一个因果路径或有向图,就可以预测哪两个因素是相关的,哪两个因素之间是独立的。这些技术可以使我们构建模型去估测来自这些相关性数据的因果关系的可能性。然后,我们可以丢弃那些不符合我们观察的因果模型。

这些方法用起来并不难,但远不如方差分析等统计学方法那样为人熟悉(见第4章)。当一个模型比备选模型和观察到的模式更精确匹配时,这个相关方法将是非常有用的,但这种情况在生态学中并不多见。这些假设在多大程度上会限制这些新方法的适用性,目前还没有定论。我们将在第5章回到有向图。

总之,生态学工作者热衷于操纵实验,缘于我们热爱了解因果关系。不管你关于这个方面的哲学理念是什么,事实是,操纵实验研究要比只依赖于观察和相关关系的研究更容易发表。观察比实验可以在更大尺度上处理模式,但是如果你可以在观察和实验中选择一个去问同样的问题,那么实验更强大、更具有说服力。然而,并非所有的实验都是平等的。实验只是与刺激实验者操纵其选择的那几个因子的直觉一样有效。实验受到最初的直觉、实验尺度以及真实性等因素限制。此外,自然史观察可以激发我们的直觉来设计有意义的实验,要比控制实验获得的信息地理尺度更大、时间范围更长。另一种方法——建模,可以提供一般性,在实验不可能的时候提出结果,预测未来,并刺激可测试的预测。

无论何时只要有可能,你都应该尽量整合多种途径来提出和回答生态学问题。一种方法可以弥补另一种方法的不足。现代生态学研究的最佳途径就是将观察、模型和操纵实验结合起来,这样获得的解释要比采用任何单一方法都更加全面。你所追求的是你能整合出最具凝聚力的故事。

用实验验证假说

3

第 三 章

正如第2章提到的操纵实验处理是生态学中很重要的一种研究途径,其可以帮助建立因子间的因果关系。实验者可以控制条件,从而观察这种条件所产生的影响。在以后的章节中,我们将介绍生态学研究中关于如何确定因果关系的一些实验和统计方法。

实验所要求的条件

要对因果关系进行清晰地解释,需要以下几个条件:① 合适的对照;② 有意义的处理;③ 独立单元的重复;④ 实验处理的随机性和混合穿插程度(Hurlbert,1984)。

对照

对照是与处理相对的,是与处理组进行比较的。生物系统会随时间而发生变化,所以我们在分析结果的时候,是不能直接将实验处理前后的结果进行比较的。实验处理前后的任何差异可能是由处理导致的,也可能是由于在这段时间内其他方面的变化所导致的。由于对照组和实验处理组都经历了这种随时间而产生的变化,因此实验处理的影响就很容易与其他因素区分开来了。例如,我们在秋季和冬季如果在雄鹿的食物中添加法式炸薯条(或环境雌激素),到次年3月我们观察到鹿茸(角)脱落。如果没有设置对照,我们很可能会得出类似“法式炸薯条导致鹿角脱落”的结论。但是,如果有了没有添加炸薯条的对照组,我们就可以意识到季节变化等其他因素可能与鹿角脱落这个事件有关。在这个例子中,对照组就是在食物中没有添加其他成分的雄鹿种群,本质上属于“无处理”。

在某些实验中,逻辑上的对照不是必需的“无处理”。例如,如果我们要评价 CO_2 升高对植物生长的影响,我们需要将在一定 CO_2 浓度(如预计2050年的水平)环境下生长的植物与当前环境下生长的植物(没有处理)进行比较。但是,更有意义的对照可能是在比当前环境中 CO_2 的水平低25%的环境中生长的植物,原因在于这个浓度是工业革命前的水平。

有意义的实验处理

当我们在进行实验处理时，往往是改变那些我们不想控制的因子。例如，如果我们要评价食草动物对植物特征的影响，我们可能会进行以下重复和随机性实验处理：① 扣笼内有食草动物存在的处理组；② 没有扣笼和食草动物的对照组*。这个实验看起来很直接，也很容易对结果进行解释。但是，我们观察到的关于这两种处理之间的任何差异都可能是由于食草动物存在或者不存在所导致的，或者是由扣笼导致的。笼子还可能影响植物生存的微环境，也可能会排除了其他有益的生物（如传粉者），或排除了其他有害的生物（如植物病原体、其他食草动物等），还有可能影响了食草动物的正常行为，使其影响比有无扣笼的影响可能会大些，也可能会小些；还有一种可能是扣笼影响了植物的正常行为，这样植物的生长和繁殖就会受到影响。我们可以列举出许多类似的影响。简言之，通过一个简单的实验处理就想搞清楚因果关系，几乎是不可能的。

有几种方法可以使例子中扣笼实验的人为影响最小化。应该设计尽可能少地引起这些不想要的次生效应的扣笼实验。当这种途径也不可能实施的时候，我们可以尝试去测定这些次生效应，来确定它们是否是由人为因素造成的。进行一些额外的处理去有目的测定这些潜在的人为影响也是可能的。例如，可以将笼子设计成不同大小的网眼，那些个体小的有机体可以自由进出，那些个体大的就被拦截在了外边。同时，笼子的顶部或者底部还可以保持敞开状态，这样就可以知道由笼子引起的微生境的副效应。试图采用不同的方式进行实验处理经常是不错的主意，但这个方式的不合理性在于处理本身会产生副效应。例如，去除小型食草动物的另一个方式就是对植物施加选择性的杀虫剂，这种处理本身似乎更有人为性。但是，这种与杀虫剂相关的人为性可能与扣笼产生的效应不同。如果你发现食草动物对植物有持续的效应，不管如何进行实验操纵，你都可以很自信地认为你的结论是真实的和可靠的。由于错误地假定实验处理所导致的那些潜在的问题，可

---

* 这个设计不是很合适。合适的设计应该是：① 扣笼内有食草动物；② 扣笼内没有食草动物。——译者注

以通过对实验处理潜在的副效应加以思考和在对照中尽可能包含这些效应来避免。

在实验设计时,要特别重视确定合适的处理和对照。生物过程有时候很容易通过操纵实验来模拟,但有时候却不是那么容易去模拟的。试想一个试图模拟火对植物影响的实验处理,一些生态学者通过在植被周围设置的 1 m^2 的防火带中进行火灾实验,以此来模拟大尺度上火的效应。这些小尺度上的实验火,只是在局部达到了实际发生大范围的火时的那种高温程度,它们也只是消耗了地上生物量的很少一部分,另外,通常野火的发生也在不同的季节,等等。相似地,直接模拟食草动物的最容易的方式就是用剪刀去除植物的枝叶以模拟动物啃食植物枝叶的过程。对于一些植物而言,用剪刀的方式是可以模拟食草动物的效应的。但是,对于另一些植物来说,如何去除植物叶子的面积带来的后果可能是不同的,例如,是被动物一大口啃食去除的,还是通过许多次的一小口一小口的啃食去除的,还有叶脉是否切断,等等,这些方面对于去除的效果无疑是有很大影响的(Baldwin,1988)。除此之外,一些特殊的食草动物的唾液成分对于寄主植物的影响也是很大的(Felton 和 Eichenseer,1999)。所以要慎重设计实验处理,如果可能的话,在处理实验中应尽量包含实际的有机体和实际的生态过程。

在设计实验处理的时候,力求覆盖自然格局的变化范围是非常重要的。例如,如果我们想评价食草动物对植物的影响,重复去除叶子对植物产生的影响是巨大的。但是,在自然界中重复去除叶子的情况是不多见的,所以这样的结果给我们提供的关于食草动物对植物的真正影响的信息其实是很有限的。相反,如果只是进行一次温和的损害,那么又可能对食草动物的真实作用有些低估。所以我们建议一个最好的处理办法:根据自然界中的实际情况,设置不同水平的处理,包含不同程度的损害。有时候超出当前变化范围的处理,也会获得未来条件变化时所产生的影响等一些有趣的启发。

常识和初步的观察结果经常是在设计有意义的处理时的一个比较好的参照,要好于任何从文献中获得的信息。除此之外,你还可以从下列参考书中获得一些很有用的关于方法学的内容:Elzinga 等(2001)关于一般取样和数据管理的方法,Sutherland(2006)关于具体分类单元更为详细的一般取样方法,Moore 和

Chapman (1986)关于植物的取样方法,Kearns 和 Inouye (1993)关于授粉和植物适合度的研究方法,Southwood 和 Henderson (2000)关于昆虫取样的方法,以及 Wilson 等(1996)关于哺乳动物取样的方法等。

实验重复

对于每个独立实验的处理和对照单元进行重复都是非常重要的,这样你就可以区分出是处理的影响还是背景噪声的影响。试想如果每个处理只有一个重复(独立取样)的话,要想决定实验处理(操纵)间的任何差异是真的由于实验处理导致的还是由于每个实验取样中的某些特殊个体的差异所导致的,将是很困难的。由于对一个实验起作用的因素同样也会对其他的实验起作用,如果只有一个独立重复,是没有足够的重复取样或精确性来确定因果关系的。但是,如果许多独立的重复实验表明处理间具有差异,那我们就可以更有把握地说这种差异是由于实验处理所导致的。例如,Reznick 和 Endler (1982) 观察到特立尼达岛(Trinidad)河流的孔雀鱼,由于体型大所导致的高捕食风险的孔雀鱼种群与低捕食风险的种群具有完全不同的生活史特征。高捕食风险的孔雀鱼达到成年的速度快,会将更多的资源投入到繁殖过程中。如果只是在一个地区对每种处理去收集更多的孔雀鱼(重新取样),对于"捕食是导致生活史特征改变的因素"这一推论,实际上并没有多大的帮助。相反,Reznick 增加了观察调查和操纵实验的重复次数。首先,他调查了特立尼达岛的许多不同的河流,并分析了孔雀鱼的生活史特征和捕食风险。这使他更有把握确定捕食风险与孔雀鱼生活史之间的关系是真实存在的。其次,他将高捕食风险河流中的孔雀鱼转移到低捕食风险的河流中 (Reznick 等,1990)。很有意思的是,具有高捕食风险的孔雀鱼转移到低捕食风险河流中后,其后代的生活史特征与低捕食风险河流的孔雀鱼一样了。这个实验在两条不同的河流中进行了重复。这项工作是令人信服的,因为在许多重复的结果是一致的。

进行独立的重复实验有时候并不是很容易的。在实践中,要尽力通过足够大的空间来分离独立的重复实验,这样在一个地区进行重复实验的条件不会对另一个地区的重复实验的条件产生影响。这个距离的大小是根据所研究的有机体的特点而决定的。一般规律是,大而活跃的生物要比小的或文静的生物需要更大的空间。

你需要记住的一点是:你进行的独立性重复实验越多,你检测处理效应的效力就越强。

进行重复实验经常遇到的问题是关于每次测定的精确度问题。实际上没有必要担心这一点。每次实验即使精确度不是很高,只要你尽量获取大的样本量,要比你每次花费有限的时间去力求每个样本的准确度要划算。概率论的中心极限定理(central limit theorem)能帮助你避免这些问题。如果你进行了较大样本的无偏测定,尽管每次测定的都不很精确,你的结果的平均值将很快就会接近实际值。有一个很有说服力的游戏。让你的朋友们来估测某个物体的大小,如窗户。每个人的估测都可能会偏离实际值(要承认有些人的判断能力确实很糟)。但是,如果计算 30 人左右的估测值的平均值,你就会吃惊地发现平均值是如此接近实际值。这个游戏提供的信息已经很清楚了,尽管每个样本看起来很凌乱和不那么准确,但要尽可能去获取较大量的样本。大样本量的无偏测定将会弥补数据的不精确性。这个建议在一个生态学的实际研究中得到了验证, Zschokke 和 Ludin (2001) 发现不精确的测量对于生态学结果的影响是出奇得小,所以他们建议要花费有限的时间和资源去进行重复实验,这要比去重视每个测量的精确性要好(划算)。

大样本量可以弥补测量的不精确性,但是却不能弥补带有偏见的那些测量。例如,设想你要咨询大约 30 人关于地球年龄的估测。如果参加者是地质学工作者或者是原教旨主义者,那么所得出的结果的平均值是完全不同的,即使增大样本量也不会改变这种偏差。

刚开始进行科学研究的研究生经常想知道他们需要多大的样本量。关于这个问题没有一个简单的答案,这取决于所研究的系统的差异大小和噪声的大小。现实情况确实如此,但我们需要的是更加真实的结果。这些知识并不能帮助你确定你的样本量有多大。在没有其他信息的时候,作为一个一般性原则,我们建议对于每个处理要尽量获得 30 个独立的重复。如果 30 个样本很难获得,那么就取 15 个。如果样本量低于 15,我们就会对结果感到忧虑了。

一些实验不能允许进行很多的重复。例如,在景观尺度上的保护问题就不可能重复很多次。我们在包括不同的草食性哺乳动物的大样方中已经进行过实验(Young 等,1998)。在这些实例中,每个处理只重复了 3 次。在这里对每个样方再进行二次取样会使我们获得关于动物反应的更精确的测量,这样就可以达到统计学上的差异显著水平(Huntzinger 等,2004)。当我们所寻找的效应相对较大时,二次取样是很有帮助的;当效应较小时,增加二次取样的数量则没有效果。我们也知道,有时候对实验处理进行重复是不可能的。在这些情况下,对结果进行统计检验就可能是不合适的(尽管这些建议会有争议,参见 Oksanen 2001)。当然没有统计检验的结果本身是很难得到发表的,但可以伴随着小尺度的重复研究,对那些统计差异显著的结果提供一些关于自然界中生物的真实性的一些证据。

关于样本量的问题,统计学家们经常推荐首先要收集初步的数据,然后再来决定合适的样本量。他们认为从长远看这样做会节省你的时间。尽管听起来这似乎很有道理,但我们从来没有按照这个说法去试过。这可能对实验室科学家比对野外科学家更有意义;对那些有耐心的人比对我们仨更有意义。

重复次数多会提高对于因实验处理所导致的那些差异的检测效力。但是,重复次数多也可能减少每个重复的取样数量。也就是说,如果你希望重复次数多,每个重复的取样数量就要小一些。这可能是一个严重的问题,因为一些生态过程只在特定的空间尺度上才起作用。例如,将一个捕食者放在一个它们可以建立自己的正常领域、猎物也能进行自我补充的较大区域内,与放在一个动物的行为表现受限、猎物很快就短缺的较小的区域内,所获得的结果一定是不同的。

尽管重复的取样数量少,但重复次数高有优点。进行重复实验不单是可以提高统计效力,也会增加一般的常识。如果对每个处理只进行一两个重复,就不能确定你所观察到的差异是由处理所导致的还是由于其他因素所导致的。对实验处理进行相同的独立性重复,在对结果进行解释时会避免一些实验的假象。

但是,不充分的重复只是导致错误解释的一个可能的原因。在过小的时间和空间尺度上进行的实验也会导致错误的推论。由于重复实验经常是以牺牲尺度为代价的,一些生态学工作者认为我们的领域过于偏重重复实验,他们建议要将尺度作为优先考虑的因素(Oksanen,2001)。正像我们前面提到的,我们经常是想通过在两个尺度上进行实验来解决这个问题,即在小尺度上进行一个高度重复性的操纵实验,在大尺度上进行一个重复性很低的操纵实验,如果在两个尺度下获得的结果相似,那么结论就很具有说服力。这个方案可以满足不同人的需求。对于资源管理者、种植业者和农业经营者,他们不会对统计检验的结果感兴趣,他们也不会去理会在小区域内的实验所得出的结果。另一方面,多数学者也不会去理会(或发表)那些没有显著性统计差异的实验结果,他们需要重复实验的结果。那我们怎么办呢?你不能同时满足这两类人的要求。你需要做的是进行两个不同的实验,一个具有高度重复性,一个具有大的空间尺度。至于你在什么尺度上开始你的实验,可能并没有多大关系,两种尺度都有各自的优势。

使实验和观察范围更加形象化的一个方法是在图上标出来。图的形式是将一个轴设置为空间尺度,另一个轴设置为时间尺度。以这种方式展示,你就可以很清楚地看到你的操纵实验、自然实验和模型所覆盖的空间和时间范围。例如,Schneider 等(1997)想在整个港口尺度上(368 km^2)了解一种双壳类软体动物多年的种群动态。他们的实验单元是取样时间为 30 秒、直径为 13 cm 的钻芯样品。他们在 28 个月的时间内,在近 0.5 km^2 的面积内重复这些实验单元,这样就大大地扩展了他们的实验范围。虽然如此,要对整个港口区域几十年内的种群动态进行估计还需要进一步外推(图 2)。他们将这个实验的测定数据与建立的关于整个港口的模型相结合,利用在小尺度上所获得的实验数据,确定模型的参数,然后再根据模型模拟所获得的信息,就可以对他们的实验结果进行解释,也可以获得进一步研究的启示。

由于当今生态学中的操纵实验多数是在比真实情况小的时空尺度上进行的,考虑这样的处理对我们的视野将会产生哪些影响是很有必要的。小尺度上的实验已经使我们成为相信局部决定论的一群人,也就是说我们能在小尺度上进行处理的过程塑造了在大尺度上所发生的生态格局(Ricklefs 和 Schluter,1993)。但是,如果我们观察一个真实的群落,我们就知道这个观点是有点过于简单化了。例如,在局部范围内,竞争和捕食会降低物种多样性,但在大尺度的区域范围内会通过运动和物种形成而增加多样性。对你来说可以看到小型实验是不能捕捉到所有重要过程的一个方

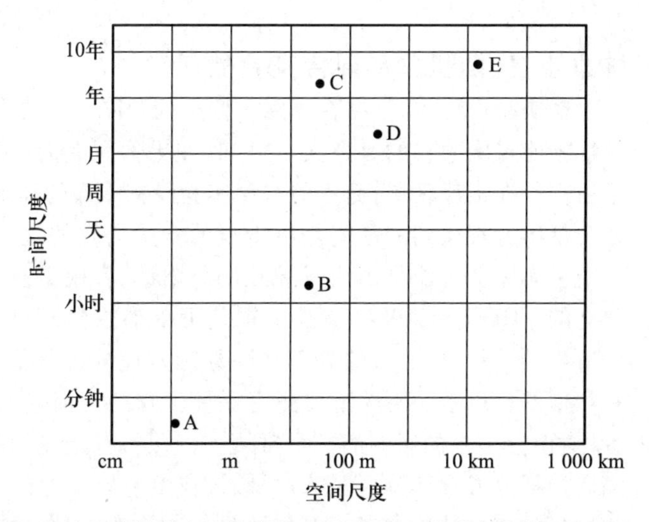

图 2 用于观察、实验和建模等方法的研究范围示意图,这些方法被用来研究几十年来港口发生的变化(Schneider 等,1997)。这个图示明确地展示了每次观察或实验的时间和空间尺度,以及 Schneider 等人可以用模型进行预测的尺度。每个观察和实验单元的取样都是直径为 13 cm 的钻芯样品,取样时间为 30 秒(A)。一次调查包括 6 个地点的 36 个钻芯样品(B),重复检测 12 次(C)。实验在两个实验地点进行,每个地点取 10 个这样的钻芯样品,每个实验地点在 100 天的时间内调查 9 次(D)。Schneider 等还建立了一个以整个港口为尺度的模型(E),然后尝试尺度下推,用他们的模型结果与观察(调查)和实验所获得实际数据进行比较。

法是在局部区域设置一个屏障,观察所有物种是否都能存活。在多数情况下,物种是不能维持的。实际上即使是在最大的公园如黄石公园和塞伦盖蒂平原(Serengeti)内,要想在长时间内维持完整的物种,区域也是太小了 (Newmark,1995, 1996)。

实现时间重复也是一个挑战。要在几年以上的时间内重复实验是很困难的。理想情况下我们是可以做到的,因为条件(天气、物种丰富度等)每年变化很大。年变化已经被发现对于生态学实验的结果有很强的影响,但是时间重复很少在实验的设计或解释中被提到(Vaughn 和 Young,2010)。

总之,尽管对这些过程进行实验研究是困难的,但对诸如在物种分布范围内与其他物种的相互作用以及发生在更长时间框架内的相互作用等大尺度过程的理解,对于我们进一步思考是有帮助的 (Ricklefs 和 Schluter,1993;Thompson,1999)。

独立重复、随机化和混合实验处理

在实验设计中,只有在重复实验空间分隔符合要求的条件下,重复才能对实验目的有意义。例如,如果你所有的高氮重复实验碰巧都设在沼泽区域,而你的对照实验设在干燥的高地上,那么你就会得出所观察到的影响是由于氮的含量导致的这个结论,但这个结果实际上可能是由沼泽导致的。因此,实验重复必须是相互独立的(Hurlbert,1984)。独立重复可以消除由于每个实验处理所造成的干扰,使所有的处理在除处理效应外的其他方面都是基本相似的。思考一下关于要测定一种生物控制因素(如昆虫捕食者)对温室害虫的影响的一个常规实验设计。温室可以在中间用隔离挡板分成两部分(图 3A)。假设在温室的一边有 9 株植物,向这边释放害虫的捕食者。温室的另一边作为对照,没有释放昆虫的捕食者,但也有 9 株植物。在这个实验中,如果你认为这两种处理都是重复了 9 次显然是不正确的。如果温室的一边与另一边不同,那么每种处理中的所有植物都将会经历这种不同。所以本质上,在这个实验中每种处理实际上只有一个独立的重复。

进行客观的独立性重复实验的一种方式是在各种处理中穿插重复实验。也就是说,两个实验处理的设置必须混合进行(图 3B)。如果温室的一边比另一边阳光充足或风速大,这些差异是不能与处理差异相混淆的。任何观察到的与处理相关的差异都将可能是由于实验处理所导致的。当然,进行这个设计要比将温室一分为二需要更多的隔板。总之,通过随机分配实验处理,我们就可以区分出哪些是由于我们的实验处理所导致的结果,哪些是由于其他因素所导致的结果。

分配实验处理的最好方法是使用随机数字产生器。赴野外前在家里做这件事情是最方便的。在网上可以找到随机数字生成器,如果在野外没有网络,你也可以使用一副扑克牌或电话指南簿中的任何一页都能提供随机数字(电话号码使用后几位数字,前几位不是随机的)。对于只有两个处理的实验,使用红或黑(扑克牌)或偶数或奇数(电话号码),如果是三个处理,使用三种花色的牌或以 1、2、3 结尾的电话号码,以确保每个处理的重复次数相同。

随机分配并不意味着按照你的发牌方式将每个个体依次分配到各种实验处理中,也并非随意地分配处理。这两种方法都是可

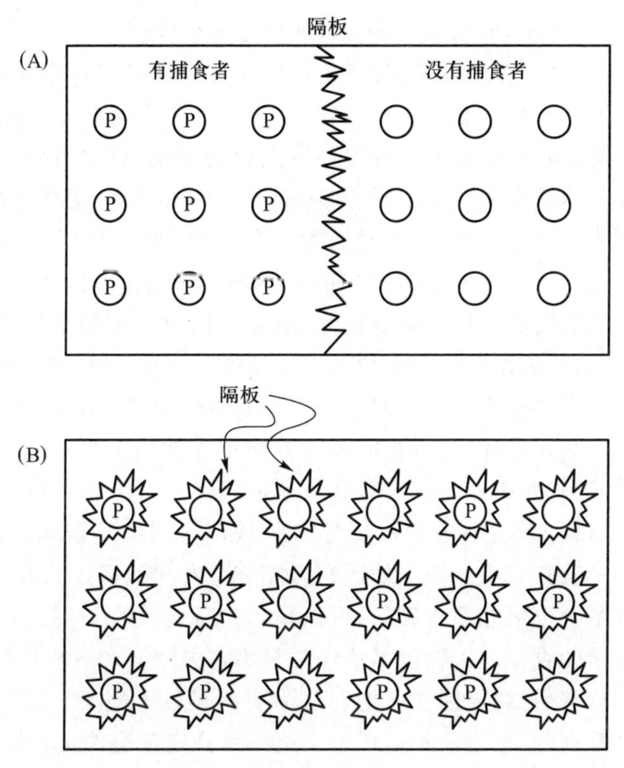

图3　评价温室内捕食者对害虫影响的实验设计。(A) 伪重复设计,用一块隔板分开两个处理,每个处理都只有一次独立重复。处理没有穿插进行。(B) 正确的设计,有18块隔板,每个处理都有9次独立重复。

以接受的,但它们应该被确定为是交替(规律)或随意分配的,所以两种方法都会降低统计推断的效力。随机化是一种实现处理穿插的有效方式。如果你分配的随机实验处理没有使处理有效地进行穿插和与其他因素相匹配,你应该考虑重新分配实验单位(Hurlbert,1984)。也就是说,如果由于偶然因素使一种处理的多数在样方的一边(最终可能会变得更干燥)和另一种处理的多数在样方的另一边(最终可能会变得更湿润),那么湿度因素和处理因素将会被混淆。尽管你并不怀疑两边的湿度或其他非测定变量会有差别,但这个时候进行第二次随机处理分配是很有必要的,因为其中很可能会有太多的不可知的被混淆的空间因子。

在分配处理之前,如果你知道你的研究样地有一个环境梯度,一个好办法是将你的实验场地进行划片,并在每片内进行处理分配（Potvin,1993）。例如,如果你知道你的实验样地的一边在斜坡上,另一边比较平坦,将这片样地分成(隔断)两个小样地(坡度和水平),然后在每个小样地内对每个处理随机分配相同数量的重复。划分小区可以减少环境造成的干扰,可以使你比设计一个完全随机而其中小区域的影响很大的实验更能检测到实验处理的影响。但是,划分小区是有代价的,它降低了分析中误差的自由度(统计能力);划分小区越多,这种影响也越大。如果划分小区不能准确匹配环境的异质性,而异质性对于实验结果将会有重要影响,那么相对于完全的随机化设计划分小区就会降低效力。

许多生态学研究中关于重复和穿插的设计是不合适的,还有一些在设计、分析和解释等方面存在缺陷。如果你确定存在这些问题,忽略或废弃这些结果是很自然的诱惑。我们的朋友 Truman Young 将这种现象称之为“伪严密”。我们建议你抑制这种诱惑。一项具有设计缺陷的研究可能还会有其他可能的解释;另一方面,结论也可能是正确的,可以很肯定地说这项研究会产生一些生物学的直觉。人们的做法经常是不再去理会和分析他们所收集到的这些数据,原因在于他们认为实验设计不完美。设计不完美可能是真的,但是要相信任何实验结果肯定都会给你(或给他人)一些有益的启发的。我们应该将眼光放远一点。由于实验中只考虑了几个有限的影响因素,因此即使是最好的实验研究,也会有其他可能的解释。在第 2 章中,我们讨论了 Tom White 的关于天气、植物应激和食草虱暴发之间因果关系的解释。由于他只是建立了一个相关关系,没有建立起因果关系。但是,如果学术界忽视他的见解将会是一个错误。根据他的研究所得到的信息,他不能肯定是什么因果关系,但是与此同时进行的实验已经表明,他的实验路线是很正确的（Huberty 和 Denno,2004）。没有长期的数据积累和像 Tom White 这样对自己的研究对象具有直观认识的生物学家,不管是否有严格的统计分析,我们都将不能进行合适的实验。

实验室、温室还是野外?

生态学工作者经常特别希望能在相对稳定或干扰小的环境中

进行研究工作。这方面的原因是在可控的环境条件下,我们可以在众多的因素中只改变一个因素,从而分析这个因素的影响(Potvin,1993)。生态学工作者可以以不同的方式进行不同程度的改变,来进行这方面的研究。我们在野外选点的时候,往往选择比较一致或尽可能相似的生境。当我们在温室里进行研究的时候,可以控制非生物因素,这样在不同的重复实验中,条件都很相似。有时候我们在很小的生长箱里、水族箱里和实验室"微宇宙"中进行实验,这样可以更好地控制环境条件。真实的世界(大自然)是非常复杂的,由于众多的干扰和影响因素,因此很难理解一个生态格局的机理。一个简化的可控的环境下可以减少这种干扰,让我们看到真正的信号,或对实验预测进行检验,或者获得在野外无法得到的作用机理。除此之外,在这种条件下工作要比在野外工作方便多了。可控的环境,如温室或生长箱,往往会离我们的办公室或家都很近,允许当自然条件下生物已经进入不活动期的时候可以继续我们的实验。同时,也很可能会离仪器设备很近,这样会很方便地对实验处理的影响进行分析或对生物的反应进行测定。

但是,我们必须意识到,这种环境条件的可控性和方便性也会给我们带来非常大的、而且是我们经常意识不到的代价。首先,可控环境不是稳定的,其变化的程度通常远远超出我们的想象(Potvin,1993)。在我们的经历中,我们曾发现,在温室一边的育苗床上的植物和昆虫与另一边育苗床上的生长形式完全不同。温室里的这种差异经常比我们在野外遇到的还要大。

其次,在可控条件下进行研究是不真实的。例如,温室里的植物或水族馆里的生物经常经历害虫的暴发,而在野外条件下害虫经常是维持在较低的数量水平上的。除此之外,在野外你观察到的一切都可能是很有趣和很重要的,因为这是在自然世界中发生的事情。这些发现可以引导你进入一个新的研究方向中。例如,Rick 在结束他的学位论文后,去研究野外条件下哪些因素会影响蝉的死亡率,他发现了可以杀死蝉卵的诱导性植物反应(Karban,1983)。这个意外发现,引出了关于诱导性抗性的问题。他在以后的 30 多年里就一直致力于这个领域。几年后,Rick 在野外的工作再次回报了他。当他在野外提出关于烟草的诱导性抗性这个问题的时候,一场突然的霜冻毁坏了多数植物。这开始看起来像是一场灾难,但是 Rick 却意识到诱导性的植物对于霜冻更敏感,这种风险可能代表了还没有受到重视的诱导代价(Karban 和 Maron,2001)。相反,如果在实验室内,如 Rick 的生长箱温度控制有差错的时候,他将得不到关于植物对真实温度变化反应的任何有用的信息。

当你在自然条件下工作时,机会主义很可能会给你带来回报。在进行多次重复的实验室实验后,Rick 发现不同的实验中诱导性抗性的强度是有差异的。他失望地发现,其中一些差异是由于使用了大小不同的盆(Karban,1987)。盆栽植物的干燥速率是不同的,这样在盆中根系发达茂盛的植物受到的影响就小些。但谁会在乎这些呢?这个结果对于理解生物在真实世界里的生活实际上是没有多少价值的。

生态学现象通常是不能从野外转移到室内的。例如,Henry Horn 研究了新泽西州普林斯顿附近圆石上的苔藓和地衣(私人通信)。他发现,这些小生物可以在干旱环境中生存,由于这些大圆石表面的温度比空气的温度变化要迟一些,这种变化会呈现出日变化,在上午早些时候能从空气中吸收水分。这个过程在实验室或温室中是不可能发生的,也是无法模拟的。

实验室内的实验经常是设计在简单化的可控的条件下进行的。即使你能实施这些实验并能回答你所提出的问题,你也不知道它在多大程度上描绘自然界中的相似过程。解决这个问题的方法就是将野外和实验室研究结合起来。室内和野外都能提供特有的信息,但是各自都具有特有的限制。野外的观察和实验应该吸收室内研究的成果,以了解导致野外结果的更多的关于生态学机制的信息。实验室内的研究也应该吸收野外和"自然实验"研究的成果,以了解实验室的研究结果在自然界中是否真实,在野外更大的空间和时间尺度上是否也能呈现这样的结果(Diamond,1986)。

分析实验数据

验证假说和统计

从事科学研究的第一步就是脑海中要有一个明确的科学问题或假说。如果你对一个系统(一个物种或一种关系)的兴趣还有些模糊,那说明你还没有做好实验的准备。这是一个探索的好时机,这样问题就开始在你的脑海中形成。你必须做到能够将你的想法形成一个明确的问题。没有一个明确的问题,你就会感到不得不去收集那些永无止境的数据(还有与之相关的或其他的事情)。好的研究是一种平衡行为:形成并追寻一个明确而集中的问题,同时睁大双眼关注那些出乎意料的结果,以及用新的方式去重新概括你的问题。

明确的科学问题将激发你去进行相关的实验处理和统计分析,而不是让问题变成它们的结果。通过观察自然现象是发现问题的一个好途径。例如,你可能观察到熊猫与竹子长角甲虫的相互作用,并且猜测物种 A(熊猫)减少了物种 B(甲虫)的种群大小。你的可验证假说是:甲虫的种群大小在有熊猫存在时比没有熊猫存在时小。脑海中有一个明确的假说你就可以设计实验了。你可以进行如下实验处理:一半样地清除所有的熊猫,一半样地不作任何处理作为对照组。你需要测定两个不同处理的样地中甲虫的种群数量,然后将测定的差异与偶然因素所导致的差异进行比较。根据统计分析结果,你就可以拒绝你的零假设:熊猫不能降低甲虫的种群数量。简而言之,实验设计以及数据分析应由问题驱动。

统计分析可以使你明确不同处理之间的这种差异是真实的还是由随机噪声所导致的。你阅读文献时就会发现,在早些时候的研究中,实验设计中没有合适的对照,或者没有实验重复,甚至没有统计分析。但是,当今的实验研究如果没有统计分析,想发表论文是不可能的了。

我们经常混淆统计学差异(由概率水平表示)和生物学差异(由效应大小表示)。例如,我们假设:食性会影响啮齿动物的个体大小。如果用两种不同的食物饲喂动物,我们完全可以肯定这两组动物的个体大小最后不会相同。我们想知道的是它们之间的生长差异是否足以持续观察和值得关注。很微小的差异，在统计上可能是差异显著的，但不会产生很重要的生态学后果。牢记你需要真正关注的是生物学上的显著。也就是说，我们想知道这种效应是否是“生物学意义上显著”，但是通常我们使用“统计学意义上显著”来代表。

当我们在评价实验和报告结果（见第 8 章）时，就必须同时考虑统计学意义和生物学意义（即 p 值和效应大小）。如果只是报告两个种群具有差异并给出概率值（$p<0.05$ 或 $p=0.023$），或者报告两个种群间没有显著差异（ns），都是不够的。任何一个显著性检验都需要给出效应大小。可以用一个图（如表示每个种群平均值和标准误的柱状图）表示，或用文字描述当去除大象的影响后蚂蚁的种群数量增加了 35%。框 4 对如何计算效应大小进行了说明。当对自己的实验结果或文献上的结果进行解释的时候，你要将统计学意义和生物学意义区分开。在解释生物学意义时没有什么固定的标准。某个特定区域的美洲狮数量翻倍时，可能会对生活在同区域的鹿群有巨大的生物学效应，但是当这些狮子死亡时，它们作为尸体的直接营养输入在生物学效应方面差别不大。

尽管统计检验对于生态学作为一门科学的发展是绝对必要的，但在我们的领域内似乎有点过于强调显著性检验了（Yoccuz，1991）。作为行规，我们已经规定如果两种群间相同的概率值小于 0.05，那么我们就认为种群之间是有差异的。我们能否找到这个让人着魔的 0.05 的阈值，取决于种群内性状的变异性和样本量。如果样本量很大的话，即使两个种群的平均值很接近也可能会在统计上差异显著。另一方面，如果样本量很小，即使两个种群实际上存在很大差异，也可能在 0.05 的水平上检测不到差异显著。令人困惑的是，一群聪明和有思想的人会成为这个本质上是武断数字的奴隶。

框 4 如何计算效应大小

效应大小是对实验影响程度的一种测度。设想一个在非洲热带大草原上的简单实验,在一些大尺度的样地内去除大型食草哺乳动物,但在其他样地内这些食草动物则维持其自然种群密度(对照)。这个实验可以告诉我们在肯尼亚一些大型哺乳动物(如斑马)局地灭绝后对草原蝗虫种群的影响情况(Huntzinger 和 Augustine,未发表数据)。由于在非洲大草原上草原蝗虫与草食性哺乳动物几乎利用相同的食物资源,所以在没有哺乳动物的样地内,种群密度应该比有哺乳动物的样地要高(见后面的图和表)。我们可以报道这种差异在统计学上是显著的($p=0.014$),但这个结果本身并不能告诉我们关于哺乳动物对蝗虫种群影响效应大小的任何信息。描述这种效应大小的一种方式是给出两个处理之间蝗虫数量的绝对差异,即:

$$|实验组平均值-对照组平均值|=绝对差异$$

在这种情况下,每个样方蝗虫的平均数量的绝对差异是 $|15.00-6.97|=8.03$。比较不同处理之间的这种绝对差异,还不如比较处理导致的相对于对照的变化值更有用*,即:

$$|实验组平均值-对照组平均值|/对照组平均值=相对差异$$

在这种情况下,去除草食性哺乳动物可以使蝗虫的数量增加115%。这样就会给我们一种印象,即哺乳动物对蝗虫的丰富度有较大的影响。(我们也可以报道有草食性哺乳动物存在的对照组比实验组的蝗虫数量少54%,但一定没有报道实验组相对于对照组的差异能给人留下深刻印象。)第三个有用的方法是描述报道标准化了的效应大小,这个参数是以误差测定或测定误差时包含的随机噪声为尺度的。计算方法是通过计算平均值的差,然后除以两组的标准差之和(具体数据见表),即:

$$|实验组平均值-对照组平均值|/标准差_{(实验组+对照组)}$$

对于蝗虫种群,这个标准化了的值是:$(15.00-6.97)/4.89=1.64$。这个效应大小是没有单位的(是个比率),因此我们就可以对不同研究中利用不同的反应变量对获得的效应大小进行比较。利用这个方法,我们同样也得出了食草动物对蝗虫种群影响相对较大的结论。

---

* 即处理后的变化百分率。——译者注

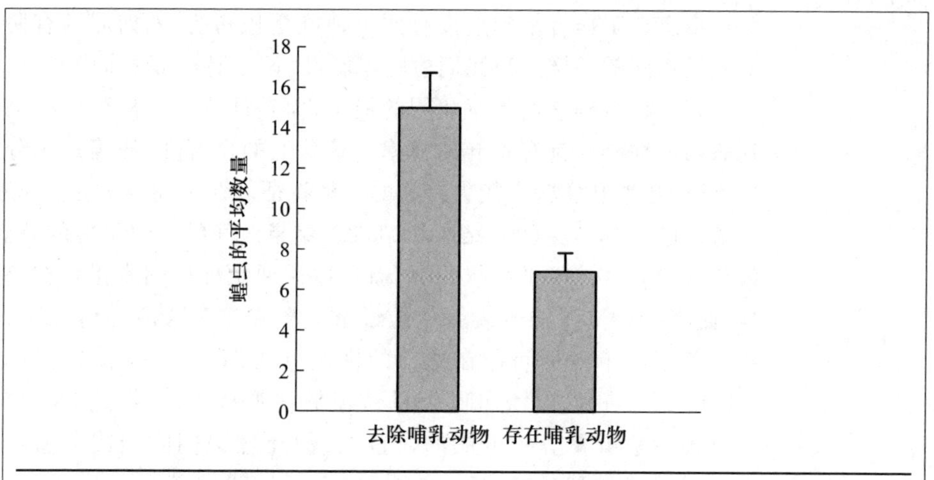

实验参数	数值
实验组(去除哺乳动物)	
蝗虫平均数量	15.00
标准误	1.71
样本量	3
对照组(存在哺乳动物)	
蝗虫平均数量	6.97
标准误	0.94
样本量	3
两个处理之和	
蝗虫平均数量	10.99
合并标准差	4.89
样本量	6

生态学工作者都知道没有两个种群是相同的，就如同没有两个人是相同的一样。当我们检验零假设“两个种群是相同的”时，并没有计算得到它们真正相同的概率，而是计算了我们可以检测到的两个种群间具有差异的概率。统计上的显著性，的确是区分生物体、数据和实验者能力差异的一种特征。非常遗憾的是，0.05的阈值已经成为“真实”结果和“负面”结果之间的一道绝对的墙。为什么当 $p=0.049$ 的时候，我们就可以说两个种群间真正存在差异，而当 $p=0.051$ 的时候就不能说有差异呢？在这两种情况下，我们关于两个种群间存在差异的推论可能都会有 5% 的错误率（见下文）。我们应该知晓 0.05 阈值的主观特性，并据此对结果进行理性地解释。在可能的时候，我们还应该同时给出 p 值而不是只单单描述 $p<0.05$。如果 $p=0.001$，我们就可以比在 $p=0.05$时更加充分地肯定实验结果不是由偶然因素导致的。同样，当 $p=0.06$ 时与 $p=0.60$ 时，我们对结论的自信程度是完全不同的。

即使我们正确地使用统计推断，有时还会得出错误结论。比如：Matthews（2000）发现，在 17 个国家中，人口出生率与鹳的繁殖对数量之间呈显著的正相关关系（图 4）。鹳与人口出生率之间的因果关系并不清楚。在该分析中还存在其他因素，比如目前的人口数量或者这个国家的面积，从而使得鹳与出生率之间的关系不成立。但 1990—1999 年在德国柏林开展的调查中，关于鹳带来人类婴儿的假说得到了更多的支持（Hofer 等，2004）。在勃兰登堡（柏林市郊的乡村）每年所记录的鹳的繁殖对数量与同年柏林的院外出生人数呈显著正相关（$r^2=0.49$，$n=10$，$p=0.024$）。但医院出生的人数与鹳的繁殖对数量并不存在这样的正相关性，可能因为鹳并不会把婴儿带到医院。鹳会带来是婴儿的结论是典型的 I 类统计错误：认为一种相关存在，而实际上它并不存在。如果我们采取阈值为 $p=0.05$，那么生态学家犯 I 类错误的概率为 5%。Ⅱ类错误是，我们没能断定一个因素是重要的，但实际上是的。比如，我们可能推断性行为与生孩子之间没有显著相关，因为在很多的例子中，性行为并不会导致有孩子。Ⅱ类错误在生态学（以及计划生育）中可能比 I 类错误更常见。

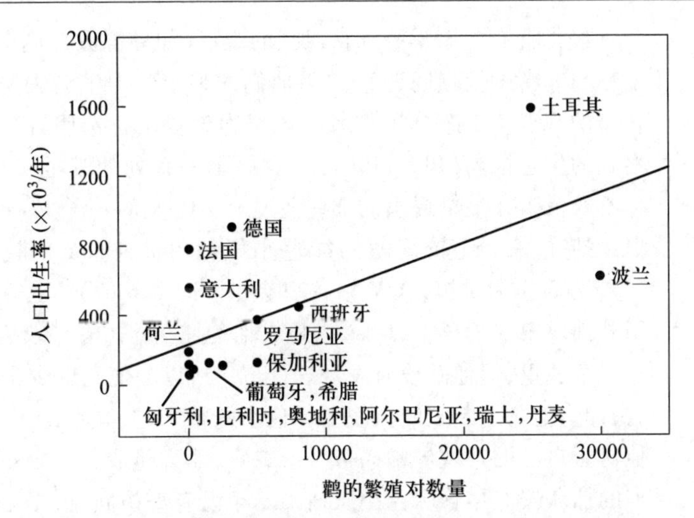

图 4　1980—1990 年 17 个国家鹳的繁殖对数量与人口出生率之间的关系（根据 Matthews 2000 重绘）。鹳的繁殖对数量多的国家人口出生率也高［人口出生率（$\times10^3$）= 0.029×鹳对数+225，$r=0.62$，$df=15$，$p=0.008$］。

备选假说

科学家们进行研究的时候，都被鼓励提出一个可以被严格检验或拒绝的零假设（Popper，1959；Platt，1964）。先提假说再着手研究，似乎是一个很好的建议，尽管对许多生态学问题并不是十分适合（Quinn 和 Dunham，1983）。许多生态学假说并不是简单的“对或错”的问题。例如我们对竞争在群落构建中的作用感兴趣，这不是通过一个简单实验就可以证伪的问题。许多系统中都发现过竞争的证据，但是也发现了其他生态过程，如捕食、寄生、干扰，等等。代之以拒绝假说和询问“是或不是”的问题，我们应该考虑其他的可能性并提出相关问题，如相对于其他过程竞争有多大的重要性？我们更想知道由竞争导致的效应大小并将其与其他推动力进行比较，而不是试图拒绝一个可能起作用也可能不起作用的零假设。与其他一些学科不同，生态学原则没有普适性。一个简单的反例就可以促使我们去重新思考关于重力的假说。但是，发现一个简单的反例并不能反驳我们关于竞争的观点。同样，与其他一些学科不同的是，生态学假说很少互相排斥，即使发现竞争作用很重要，也不能排除捕食作用的重要性。

经常会有生态学家支持对立的观点(如种群数量调节中的密度依赖与非密度依赖问题),并用他们的整个学术生涯去坚定地捍卫各自的观点。生态学工作者应该努力地提出备选假说来解释所观察到的生态格局(Platt,1964)。要提出一系列的其他可能的假说,你不要依附在最早提出的那些假说上。Rick 的儿子 Jesse 在幼儿园里建造了一个比较简陋的绿色小妖精(leprechaun)捕获器,他用"金"岩石作为诱饵,在圣帕特里克节(St. Patrick)* 之夜放在了房子外面。第二天早上,Jesse 去检查他的捕获器。有一块岩石已经掉在了草丛里,但他并没有发现这件事。所以当他发现少了一块"金"岩石时,他马上断定昨天晚上绿色小妖精来过,并拿走了一块金子。他对于自己的发现异常兴奋。第二年,他又建造了一个更加复杂一点的捕获器。尽管绿色小妖精第二年没有来访问,根据去年已经发现的"证据",他还是对它们的存在充满信心。很遗憾 Jesse 对于"金"岩石的消失没有去考虑其他的备选假说。在我们的研究生涯中,经常考虑我们到底逮住了多少"绿色小妖精"是很有价值的。

我们都处在发现有意义的实验结果的压力下。验证备选假说,是使你在实验结束后感到自己有故事可讲的很有效的一种方式。如果你对某个特定过程很着迷,并只针对它开展实验去阐明这个过程潜在的机制,只有当这个过程具有与你预期相符的重要性时,你才能有故事可讲。

如果你的研究是从一系列备选假说开始的,你就能够减小这种压力,因为你更有可能会发现一些有趣的问题。通常,在你检验完一个假设的生态学机制后,你会发现显然还有其他的备选机制可能也起到了作用。Kevin Rice 提醒我们还要避免那些"纸牌屋"式的研究项目**。如果所有你感兴趣的备选假说都是建立在第一个假说的某些特殊结果的基础之上,那么你就会让自己承受太大的压力去证明你的第一个假说,无论它是否真实。相反,如果你考虑备选假说,无论你发现什么,你都有故事可以说。框 5 给出了在生态学中形成备选假说的一些建议。

---

* 圣帕特里克节是纪念爱尔兰的守护神圣博德主教(约 385—461 年)的节日,在每年的 3 月 17 日举行。——译者注

** house of cards,纸牌屋,是指一些花里胡哨的研究或那些不切实际、无法实现的计划。《纸牌屋》是一部政治电影。——译者注

框 5　形成备选假说

一旦你已经确定了所感兴趣的一个生态学格局,就需要去思考可以解释或产生这种格局的工作假说,然后考虑产生这种格局的可能的备选假说。试考虑下列一些也可能会导致产生你观察到的生态格局的备选因素,来提出可能的备选假说。

- □ 非生物因素(降水、温度、光照、火使用制度等)
- □ 捕食、寄生和疾病
- □ 婚配因素(性选择、巢址的可利用性、后代的机会等)
- □ 微生境(躲避物理环境和捕食等生物因素的庇护所等)
- □ 由于人类作用或自然作用的干扰
- □ 遗传或个体生长发育的影响

你的备选假说的单子可能会很长和不易控制,但这是做好科学研究的重要一步。尽管你在记录本上列出了这些可能的因素,但你并不需要去验证所有的这些备选假说。根据备选假说吸引人和可验证性的程度,排出先后次序,然后根据优先次序去进行验证。

回答“是或不是”的问题经常需要采取拒绝假说的方式。但是,我们前面已经说过,许多生态学假说不能以这种方式来拒绝。相反,我们认为以下可能会更有用:列出一个备选假说的单子,承认绝大多数或所有这些作为出发点的假说都可能是有效的,然后尝试着去确定每个备选假说的相对重要性。这个过程很像 ANOVA(方差分析)中由于作为不同出发点的假说而进行的方差分析。举个例子,Rick 观察到沫蝉、羽蛾幼虫和蓟马都取食加州沿岸的一种海滨雏菊。他想知道这三种食草动物之间是如何相互影响的。他在进行研究的时候,并不是只去验证所提出的竞争假说,而是研究了种间竞争、捕食者和寄生物以及植物基因型对这些常见的食草动物兴旺的相对重要性(Karban, 1989)。每个实验都包含了三个因素(竞争、捕食、寄主植物的效应),以区分每个因素导致这些食草动物表现(存活能力、生殖力等)所产生的变化。

这个实验考虑了对食草动物的表现可能产生影响的三个不同

因素,但只测定了完全去除其中竞争者和捕食者这两个因素后的效应,即比较了完全去除竞争者(或捕食者)与有自然水平的竞争者(或捕食者)之间的影响。用统计学术语说,只有两个级别,包括全有或全无,每个级别重复 30 次。如果预测变量(这里指竞争者的存在与否)对反应变量的影响是线性的话,这个设计的效果是最好的。不幸的是,生态学效应经常是非线性的。在一定的时间和空间尺度上测定竞争者数量与性能表现之间的自然相关关系可以产生一些重要的直觉。当你怀疑所处理的预测变量和反应变量之间的关系可能是非线性的时候,你可以采用包含多个级别预测变量的实验设计(Cottingham 等, 2005)。例如,你可以设置你在野外所观察到的数值范围之内的多个级别的竞争者。这种设计可以用回归的方法而不是用 ANOVA 的方法去分析。除了回归需要多个级别的要求之外(至少要多于两个级别),回归与 ANOVA 是相似的,且回归不需要像 ANOVA 那样在每个级别上进行重复。这种回归设计并不假定变量之间是线性关系,而是由你来确定变量之间关系的类型。但是,具有多个级别的回归分析对于一个或少数几个预测变量是很有效的,当然同时检测多个因素有时会变得很困难和不能控制。除此之外,实验中要设定捕食者或竞争者的多个级别的处理可能也是很困难的。其他处理,如施肥,更适合进行不同水平的实验。

生物学工作者最近对贝叶斯统计很感兴趣,部分原因是这种方法可以使我们能够评价多个作为出发点的假说与数据的拟合程度(Hilborn 和 Mangel,1997;Gotelli 和 Ellison,2004)。贝叶斯分析的结果对于多个假说中的每一个假说只是给出一个可信度的指数,而不是拒绝零假设。贝叶斯分析可以很完美地评估备选假说,对于能够掌握这种方法的生态学工作者无疑是一个很有价值的分析工具。但不幸的是,贝叶斯分析与现在野外生物学家使用的传统分析方法相比需要更多的复杂计算,在数学方面没有一定背景和自信心的"生态学探险者",运用起来将感到很困难。不管你使用什么统计技术,在生态学中,允许你测试多个假设的实验往往比那些拒绝单一零假设的实验更有效。

阴性结果

前面我们已经讨论了让你可以拒绝具有多个可信水平的零假设的统计程序。当我们不能拒绝一个零假设时(即 $p>0.05$),是否意味着零假设就是真实的呢？也就是说,我们想知道两个种群是否有区别,如果在 0.05 的可信水平上不能得到有差异的结论,那么我们是否可以下结论说这两个种群就相同呢？对这两个问题的回答都是:不能。基于已经获得的信息,我们能得出的结论只能是我们没有检测到我们所假定的那种差异或影响。统计检验给了我们足够的信心去拒绝一个假设,而不是去接受一个阴性结果的假说。在多数情况下,我们要评价两个种群是否相似的能力是很弱的。进一步说,我们很少应用相关的统计方法去解决这类问题。这样的话,生态学中许多的阴性结果(我们这里是指那些没有检测到统计学显著性差异的结果)都不会得到发表的机会,这对从事研究的学者们是一个损失,对于永远不会知道这些结果的整个生态学界也是一个损失。

现在的分析技术已经可以让你去评估是否某个因素产生的影响比另一个因素产生的影响更显著。利用这些方法,不能拒绝假设的那些阴性结果就会变得几乎与"阳性"结果一样有价值。不幸的是,要得出实验处理对一个种群没有影响的可信的推测,要比得出处理对种群具有影响的推测需要更大的样本量(Cohen,1988)。我们接受一个阴性结果的能力也取决于我们所关注的效应大小这个因素(不同处理方法的效应大小程度是不同的)。作为一个惯例,统计学家趋向于将 0.10(10%)或更低的差异定义为有较小的影响,将 0.40(40%)或更大的差异定义为有较大的影响(Cohen,1988)。假设你正在检测一种效应,但是并没有找到支持的证据,那么你可能坚信自己并没有错失大的效应,但不那么确信自己也没有错过小的效应,因为小的效应更难察觉。Cohen(1988)对此有很好的论述,并用实例说明了如何对待你的"没有显著性差异"的结果,通过计算概率来反映你的研究地区的实际生物学情况。许多统计软件包可以为检测效应计算统计效力值,在已知实验的重复次数和所观察的效应大小的情况下,你就会知道发现显著差异性的可能性有多大(无论效应是大、是小,还是处于两者之间)。

将一个没有显著影响的处理因素与有显著影响的因素之间进行比较是很有价值的。你可以计算出阴性影响(没有检测到差异显著性)的概率。例如,Rick 检验了假说:早期的食草动物的损害会使棉株降低了后来的食草动物存活率,还对植物的生长有促进作用(图 5,Karban,1993)。他在实验中并没有检测到对植物生长诱导产生的抗性。实际上,食草动物早期对植物的损害将导致植物的生长速率降低,尽管这些结果在统计学上没有检测到差异显著性。那么,是他错过了真正的影响吗?他可以相当确信(99%的把握;用 Cohen 1988 介绍的技术计算了置信度)自己没有错过那

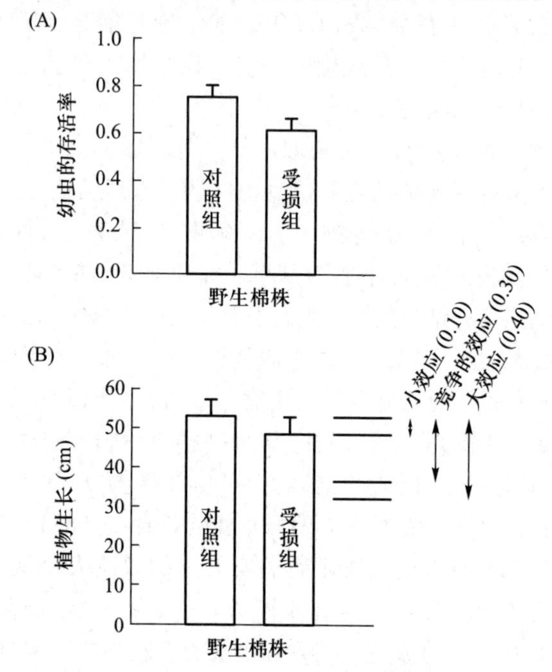

图 5　野生棉株上早期食草动物对幼虫存活率和棉株生长的影响(Karban,1993)。食草动物对植物早期的危害(受损组)会显著降低幼虫的存活率(A)。但是,在这个实验中并没有检测到早期食草动物对植物生长的显著影响(B)。在一项同时进行的实验中,发现植物竞争导致植物的生长速率显著降低了 30%(图中没有显示这个结果)。B 图中右边的线段表示的是根据理论上的大效应(平均值的差是 0.40)和小效应(平均值的差是 0.10),以及与实验中发现的植物竞争的影响相等的效应大小等,估测的早期食草动物对棉株的影响。这样我们就可以根据所定义的标准[Cohen(1988)定义的大效应和小效应]和在实验中发现的那些真实存在的其他因子(如植物竞争)的影响,对实验中发现的早期损害的效应大小进行比较。例如,根据这项研究,我们可以得出如下结论:“食草动物对棉株的早期损害并没有对植物产生较大的影响,而植物竞争的影响则可能占重要地位。”

些较大的影响(平均值之间相差40%),但对自己没有错过那些小的影响(平均值间有10%的差异)他没有大的把握(只有20%的把握)。要根据这些结果得出什么明确的结论是有点困难的。在同一个实验中,他还发现植物的种内竞争降低了植物的生长。将由于植物的种内竞争与由于诱导产生的抗性的效应大小进行比较,他有30%的把握得出结论:诱导产生的抗性所造成的影响没有植物竞争的影响大。根据这些计算结果,可以同时报道没有显著性差异的"阳性结果"和"阴性结果",也可以对不同处理的相对重要性进行比较。生态学工作者,尤其是他们的研究对象可能获得大样本的学者,应该更多地去关注阴性结果。

比较不同研究中的效应大小的一个有用的方法是综合分析(meta-analysis)(Gurevitch 和 Hedges,2001)。进行综合分析时,每一个研究都成了某个因子或某个反应变量的效应大小的一个非独立测量。例如,根据众多已经发表的研究,我们可能有兴趣去测定去除顶级捕食者对下面的营养级将会产生什么影响。综合分析方法可以使我们对许多研究的结果进行统计学分析和比较,也使我们有机会把自己的实验结果放在一个更宽泛的知识框架中。对于每个已经发表的研究,我们可以通过比较方差标准化的处理组(比如:有和没有顶级捕食者)的平均值来计算效应大小的估计值(关于效应大小的计算见框4的介绍)。利用综合分析可以评估某个研究的结论是否具有普遍性,还可以知道在什么条件下从我们的实验结果中得出的推论具有可信性。例如,综合分析显示,营养级联研究(去除顶级捕食者)在水生生态系统中要比在陆地生态系统中的影响大(Shurin 等,2002)。显然,根据任何单一的实验结果,要获得这个普遍性结论是不可能的。只有在包含了关于某个特殊问题的所有可能的信息时,综合分析才有意义。这就是为什么我们呼吁要发表阴性结果的另一个原因,这对于促进学科领域发展是至关重要的。

通过调查探索模式

5

第 五 章

在前面的章节中,我们讨论了为什么操纵实验(也称控制实验)是确立因果关系的有力途径(第3章)。但在实践中,即使实验本身具有可行性,它所能检验的因素仍然是有限的。实际情况是,在某些领域如保护生物学或全球变化生物学等,进行生态学实验是极其困难的(Young,2000)。生态学家们尝试通过相关政策来解决环境问题,如关于引入种或濒危种的问题,那么在这些方面进行操纵实验就显得不切实际或有违伦理了。很幸运,通过调查观察也能让我们提出假说和对相关假说进行评价。

对生态模式的观察形成了从随意探索到正式调查范围的连续体。调查是指运用系统的方法进行观察,让你在自然发生的尺度上观察生态模式,这样可洞察到通过其他方法不易发现的一些关系。相对于控制一个因子而言,调查该因子所需的工作量要少得多。因此,调查时的变量要远多于在实验中可控制的变量,并且你在观察模式时并不需要对这些模式的产生机制有一个预先的假设。也就是说,对观察数据的分析往往没有对实验结果的分析那么直观,其得出的推论通常也没有很强的可信度。在以下部分,我们对形成假说、分析和解释调查结果提出了一些建议。

通过观察形成假说

调查可以使你观察到许多生态因子间的相互关系。尽管如此,对这些关系或相互作用提出清晰的假说、明确你尝试要回答的科学问题,仍然是很重要的方面。你必须清楚最终目的是什么?一个明确的科学问题可让你确定因变量或假定的因果路径,以及相关的时空尺度等。我们建议你把思考的可行的机制通路写下来,然后就可以开始了(先不要担心在实际工作中能够测量哪些具体指标)。

在图1所示的关于白尾鹿和北美驯鹿的例子中(第2章),白尾鹿对北美驯鹿产生的负面影响,可以通过两个不同的路径(假说):白尾鹿可以降低食物共享水平(图1A),也可以提升两个物种共享的寄生虫水平(图1B)。当然,对此系统的仔细观察还可以发现有许多其他因素对北美驯鹿产生潜在重要影响,包括公路建设和伐木等人为因素,以及优势植被类型、其他竞争者(如驼鹿)和捕食者(如狼)等(见后文图7,Bowman等,2010)。我们的最终目的是要确认对北美驯鹿数量产生重要影响的因素。有些路径更重要,而有些路径则可以剔除掉。例如,伐木活动可改变阔叶林(一种对动物很重要的食物资源)的覆盖度,这样就会影响白尾鹿和驼鹿的物种丰富度,但白尾鹿和驼鹿不太可能对伐木量产生影响。

范围和随机化

调查途径可以使你观察自然的时间和空间尺度远远大于控制实验。我们知道,超出数据范围的推断会产生问题,所以在你所关注的尺度内进行调查是一个不错的主意。如Walt Koenig与其合作者曾对解释加利福尼亚橡树的橡果产量感兴趣,他们基于在最初的野外样地卡梅尔山谷所观察到的橡果产量的年际波动,提出了他们的假设:气候模式导致了产量的年际波动。在他们观察的这块野外样地,根据春季气温的高低就可以预测橡果的大小(Koenig等,1996)。这种联系是仅限于这块样地,还是在更大尺度上也有这种关系?他们扩大了调查范围,结果发现春季的气温变化与橡果产量的这种关系在整个加利福尼亚州是很相似的(Koenig和Knops,2013)。在初始的样地内,有一个现象是橡树在强降雨年份之前会结出较大的果实,这种现象有利于橡树幼苗的建植,却又好像不太合乎情理。然而,在加利福尼亚的其他地区并没有发现这种现象,因此这个现象不能被认为是一种普遍模式(Koenig等,2010)。显然,在每个地点限制橡树幼苗增加的因素也有所不同,因而相关结论在空间上进行外推是有问题的(Tyler等,2006)。在这个例子中,作者之所以在整个地区尺度上对多个地点进行调查,是因为这个尺度正是他们想要得出结论的空间范围。如果没对多个地点进行调查,他们会做出错误的概括。

在为调查选择取样单元时,你会期望在所观察的范围内得到一个无偏差的观测样本。要达到这个目的,是需要一些思考的。比如,如果你的研究范围是美国西北太平洋地区的草原,那么利用该地区关于草原群落的地图,随机选取几块区域进行调查是合乎情理的。但如果你要验证的假说是不同的植被群落出现在严酷的蛇纹岩土壤而不是非蛇纹岩土壤,那么这种随机选取样地的方法就不适用了,因为蛇纹岩土壤并不常见,如果在该地区随机取样的话,很可能只包含了极少数的蛇纹岩土壤生境。在这种情况下,同时随机选取一组蛇纹岩土壤生境和非蛇纹岩土壤生境是更为合理的。正如控制实验,将具有不同解释因素的取样单元(取样点)相互穿插是很重要的(Legendre 等,2002)。就这个例子而言,所选取的蛇纹岩土壤样地不应全部是彼此相邻的。另一种合理的方案是随机选取一处蛇纹岩土壤生境样地,然后在其附近再选取一块非蛇纹岩土壤样地,使其与相对应的蛇纹岩土壤样地在其他方面相匹配。然而,由于非蛇纹岩土壤的斑块很少与蛇纹岩土壤生境相邻,因此这种取样方案将会限制你对非蛇纹岩土壤草地进行推断的范围。

为某项调查设计一个无偏差的取样方案,努力去寻找独立的样本是很重要的。你应当将样本穿插到其他因素中,否则就可能会导致非独立的结果。进化史相同是物种之间非独立性的一个重要类型。假设你要比较加利福尼亚湾周边与地中海周边的沙漠灌丛中蜥蜴的食性,你会发现许多北美蜥蜴具有卷舌、常以昆虫为食,而地中海区域的蜥蜴则不具备这些特征。由于许多加州的蜥蜴与鬣蜥具有亲缘关系,且这些特征(卷舌和食虫性)一般只存在于这些物种中,因此从这两种环境中每个采样点收集的样本或者说物种并不能构成独立的数据点(Vitt 和 Pianka,2005)。这两个地区蜥蜴食性的任何差异,都可能源于同一地区蜥蜴间相同的进化史(共同祖先),而不是当下的生态条件所导致的。因此,当我们进行种间比较时,可以将共同的系统发育因素也考虑在内。比如,Agrawal 和 Kotanen(2003)在比较植食性动物遇到多少本土和外来植物时,就成对地选取了隶属于相同属或相同科的不同物种,分别代表土著种和引入种。在这个设计中,两个处理都包含了每个分类群。

事实上,考虑到那些导致非独立性的因素,进行完全穿插取样有些时候是不能实现的。很多统计技术能够剔除样本间的非独立性效应。多元回归方法可用于计算几个不同因子对相同的响应变量的效应。在空间或系统发育上的显式回归因子可以排除共同的(非独立性)地理或祖先因素产生的影响。我们在后面会简要说明如何运用这些统计技术。我们知道,再精妙的统计方法也不能完全弥补样本的非独立性所产生的影响。越是基于独立的样本所获得的结果,就越能获得有意义的推论。另一方面,发现对空间或系统发育的限制具有较强响应的模式本身也是有趣的。在任何情况下,考虑采样单元的独立性,并相应地进行实验设计都是很重要的。

需要观察多少次?

在调查过程中独立观察的数量决定了你能检测的效应的大小,你能涉及的生态因子的数量,以及你需要投入的时间等。因此,假如你关注的是较小的效应（较弱的关系）或多变量之间的相互作用,你就需要获取较多的样本。比如,探究土壤含氮量与树木生长之间的关系所需要的样本量,通常要小于检测土壤中氮、磷、镁、钙与树木生长间的关系所需要的样本量。另一种提出更为复杂假说的方式是检验因子间的非线性关系。比如,倘若你假设含氮量与树木生长之间为线性正相关,那么所需的样本量要小于验证二者间为稳定或峰形关系所需要的样本量。

根据实际经验,Ian 在开展一项相关性调查时所设置的样本量为 60,他在计划阶段便在脑海中列出了上述要点。多强或多弱的效应仍会使他感兴趣？如果他期望,或仅关注一个较强的关系,他就应该减少观察的样本量,比如降到 40。他打算考虑多少个解释变量,它们的效应会是线性的吗？倘若他尝试将 3 个因子相联系,且其中之一可能为非线性关系,那么他应当再将样本量增加,回到 60。实际上,进行 60 次独立的观察真的可行吗？如果答案是否定的,他不妨冒险将样本量缩减至 30。我们三人曾对此问题进行过讨论,发现在产生各种有趣结果的观察研究中,样本大小从 9（一个非常清晰和简单的关系,每个样本都十分珍贵且需要为期一年的调查）到数百不等（一个较弱、较复杂的关系）。

检测什么因子?

明确你为每一次重复所需要记录的因子数量也是很重要的。最简单的情境是记录 2 个因子并使其相关联,其中一个因子能对另一个因子产生影响。比如,你可以将多个地点(重复)中,一种鸟类的繁殖时间与 3 月份的平均气温相联系,进而提出气温影响鸟类繁殖这一合理假设（图 6A）。这一模型在增加了预测因子后将变得更为复杂。除气温以外,3 月份的降水量及其他月份的气温和降水量也可能对鸟类繁殖产生重要影响。随着解释因子的增加,你需要加大观察量来检测这些因子与相关变量（在此例中即鸟类繁殖）之间的关系。在某些极端情况下,你不可能将多于独立观察数的因子进行相互关联。如果你想探究 20 个可能的解释因子,那么所需要的独立观察量要多于 21 个(或更多)。若你所感兴趣的是一个因子对多个响应变量的影响,那将会产生另一种复杂的情况。比如,你或许会假设 3 月份的气温将同时影响鸟类繁殖的时间和以鸟蛋为食的蛇类的活动性。不要随意地做记录,要确保你所检测的因子与你的研究兴趣有关联。

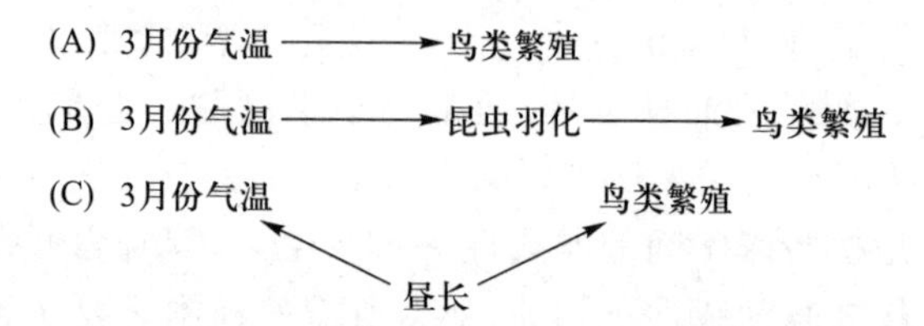

图 6 3 月份气温与鸟类繁殖之间可能的关系。(A) 3 月份气温的变化导致鸟类繁殖的变化。(B) 3 月份气温的变化引起另一种间接因子——昆虫羽化的变化,进而导致鸟类繁殖的变化。(C) 第 3 个因素昼长,同时导致 3 月份气温和鸟类繁殖的变化,尽管气温和鸟类繁殖间并不是直接的因果关系。

那么是将你的调查集中在一个经过精心设计的假说,还是重新设计一个调查,考虑多个彼此相关性并不是很明显的因子间的关系,学者们对此还存在争议。当我们着手开展一个调查时,除了头脑中应有一个简单而清晰的假说外,还应尽量有灵活性。倘若还有其他重要且容易检测的生态因子,也没有理由将其舍弃。当然,你能检测的因子很有限,也不必将精力浪费在不会出现在最终模型中的那些因子。比如,Rick 对野外样地中的毛熊毛虫种群进行了为期 30 年的调查。自从它们被拟寄生物寄蝇重伤过以后,Rick 也开始记录寄蝇导致的寄生率,但寄生并不能很好地预测毛虫的数量动态(Karban 和 de Valpine,2010)。近来的研究结果表明蚂蚁是毛虫的主要天敌之一,蚂蚁和啮齿动物能显著减少蛹的数量(Karban 等,2013;P.Grof-Tisza,未发表数据)。Rick 非常希望自己在这些年里能对蚂蚁和啮齿动物的数量进行快速而粗略的估计。然而,有太多的潜在因素对毛熊毛虫的数量产生影响(如寄主植物、疾病、鸟类、其他捕食者、潜在寄主质量等),要将这些因子全部记录下来,要付出很大的代价。

分析调查数据

开展一个调查所花费的时间、精力和费用通常要少于控制实验，并且你可以立即把一些有意义的数据记录下来。尽管统计技术越来越有助于我们：① 分析在调查中测量的多种因子间的关系，② 解释数据中的混杂模式，如空间和系统发育关系，以及③ 了解变量之间的因果关系等，但很多棘手的工作仍来自对调查数据的分析。

开展调查研究的一个难点是能够有把握地推测因子间的因果关系。比如，发现气温和鸟类繁殖间的正相关并不一定意味着这两个因子是直接相关的（图 6A）。气温可通过某一间接因子对鸟类繁殖产生潜在影响，比如作为鸟类食物的昆虫的羽化时间（间接的因果关系；图 6B）。又或者第三种因素（昼长）对气温和鸟类繁殖同时具有潜在影响（非因果关系；图 6C）。如果可以通过实验来独立控制这些因子（温度、昆虫羽化和昼长），我们就能更有把握地推断是谁导致了谁的变化，但实际上这些控制并不总是可行的。当两种因子之间不存在假设的因果关系，我们可利用相关性来评估这两种因素是否相关。当我们对因果关系有一个先验的概念时（如气候驱动了鸟类繁殖），我们就可以用回归分析方法对预期变量的反应进行预测。响应变量（y 轴）一般被描述为预测变量（x 轴）的数学函数，而这些因子间的关系可以用散点图中的趋势线来呈现。

分离多种因子

多数情况下，能引起响应的因子不止一个，要分离这些潜在的驱动力并不容易。如 Ian 想知道叶片的哪些特征有利于以它为食的毛虫的存活。在这个实验中，很难以任何方式有效地控制叶片的特征——你如何使叶片变得更坚韧或多毛呢？然而，他所研究的橡树的叶片特征，在物种之间存在大量的自然变异。因此他可以开展观察性研究，先对多种橡树的不同叶片特征进行检测，然后将毛虫单个置于叶片上，并在蛹化时称量其体重。利用这些数据，他便可以评估多个预测因子（叶片性状）对单一响应变量（蛹的重量）的相对重要性。

在最简单的情形中，可以采用回归分析分别评估每个叶片特征与蛹重之间的关系，即分别绘制（回归）每个解释变量与蛹重的关系，同时检验叶片特征之间的相关性。然而，由于没有独立控制每个预测的变量，许多变量是共同变化的（相关的）。如 Ian 发现韧性较高的叶片倾向于具有较高浓度的酚类物质。韧性的部分统计效应实际上可由酚类物质含量所致，反之亦然。

多元回归是一种常用手段,用于分摊多个预测变量对一个响应变量的共享(共线的)效应时的相对重要性。多元回归估算了整个模型(即所有预测变量的总和)在多大程度上描述了响应变量,以及在解释了预测变量间的共线性后,每个预测变量与响应变量的相关程度有多大。当两个或更多预测变量高度相关时,将这些变量的效应区分开来是很困难的。在这种情况下,两个预测变量会争夺共享效应,从而可能导致错误的结果。你可以对预测变量间的相关性作图,这样就可以对此有个大概的判断。如果它们相互之间明显没有相关性,可能就没有问题[潜在的相关性可通过计算每个预测变量的方差膨胀因子(VIF)来量化(Sokal 和 Rohlf,2012)。如果两个变量之间高度相关,则 VIF 值较高;VIF 值大于 10 则表明预测变量极其相关,以至于不能区分它们各自的效应]。倘若某些预测变量在概念上就是相关的,通常可将多余变量剔除。另一种策略是只看预测变量的共享部分,以决定它们对响应变量的共享影响。主成分分析(PCA)可用于分析两个或两个以上变量的协同变化。本质上,PCA 是将多个因子压缩在具有大多数协同变化的部分中。通过用压缩的 PCA 轴作为预测变量,就可以评估多个变量对响应变量的联合效应。主成分分析的缺点是对于新压缩的变量通常不容易给予解释。

包含许多不同潜在的预测变量的模型能够对生态模式做出更多的解释,但也可能会更加复杂,导致最终很难解释,况且也未必能代表一个普遍的模式。随着生态学家能够获取的数据集越来越大,能够检验许多因子之间关系的可能性也随之增大。在这种情况下,数据分析所面临的挑战就变成了将少数有意义的因子从许多可能不太重要的因子中分离出来。当存在许多预测变量时,即使任意一对变量之间没有过多的共线性,某些变量也可能会掩盖其他变量的效应。人们已开发出一些信息标准测量方法[包括 Akaike Information Criteria (AIC)和 Bayesian Information Criteria (BIC)]来剔除那些对增加预测准确性没有帮助的变量(Burnham 和 Anderson,2002)。这些统计方法允许你选择一组相对较少的预测变量,进而创建一个简单的模型,对响应做出相对准确的描述。使用这些方法存在一定的风险,即你可能舍弃了一个实际上有意义的因子,而错误地选择了一个偶然出现看起来很重要实际并不重要的因素(回想一下鹳和人口出生率之间的关系,图 4)。

观察之间的非独立性

在实验设计中,你可以随机分配实验处理以使得重复实验是穿插的(第 3 章)。但在观察性研究中,要获得具有穿插因素的重复时常难以实现。空间聚集和系统发育聚集统计技术可以用来解决两种形式的样本非独立性。

两个在空间上紧密相连的观察,相互独立的可能性不大,因为某个相同的事件可能会同时影响到这两个观察。如果要在相距几厘米范围内对两种海葵进行取样,那么同一条蝶鱼很可能会同时以这两种海葵为食。空间的自相关性在取样点彼此距离较近、所处生境相同的情况下更易出现。若你知道一个样本所处的位置,可根据其距离来测试相似度,并采用空间回归模型中的最小二乘法(sGLS)来剔除这种影响(Legendre 等,2002;Dray 等,2012)。最小二乘法是多元回归的一种形式,它可以检测相距很近的样本间是否彼此相似,这可能与预测变量没有关系。如你想确定多个采样点单个海葵的存活率,如果相似的结果出现在空间相近的样本中,那么就不太可能是独立的。运用 sGLS 可以减少空间比较接近的事件。

样本间出现非独立性的另一种形式是共同祖先。亲属之间存在大量共享特征,不论在生命树中,还是在家族成员之间。在种群内要对物种或个体进行比较,通常会说明其缺乏独立性的原因是共同祖先(系统发育)。如你想了解大蒜消耗和健康效益之间的关系,你可以去进行问卷调查,记录人们对大蒜的消耗量和癌症的发病率。但 Rick 与其部分直系亲属都不喜欢大蒜,所以对大蒜的厌恶和健康水平也很可能是由共同的基因所导致的,且彼此之间很可能不存在因果关系。共同祖先的个体(或较大的群体)不大可能是独立样本。

在很多情况下,包括具有相同的系统发育在内的一些信息对观察性研究而言,信息量是很大的。系统发育比较可在大的时间尺度上跨类群进行相关识别(Weber 和 Agrawal,2012)。在大的分类和时间尺度上是无法进行控制实验的。

系统发育广义最小二乘法(pGLS)及一些相关技术考虑了样本共同祖先的非独立性问题(Garland 等,2005)。这些分析依赖于准确的系统发育,还需将进化关系结构从模型中剔除。Ian 用此方法分析了 27 种橡树的叶片性状与前文提到的毛虫喜好之间的关系(Pearse,2011)。橡树的物种之间的关系在以往的研究中已被确定了（Pearse 和 Hipp,2009）,用 pGLS 可排除共同祖先的影响。幸运的是,大多数被毛虫所关注的植物性状(如叶片韧性)已经历了多次进化。如果这些性状不是独立起源的,那么这项研究也就无法将共同发育史所导致的效应和由叶片性状导致的效应区分开来。

路径分析和因果关系

路径分析是一种可以让研究者考虑不同因果机制（路径）的技术,并且可以帮助研究人员评估哪条路径能够最好地解释观察到的模式,即哪个因子可能引起其他因子的变化(Shipley,2000;Mitchell,2001;Grace,2006)。第 2 章中将气候、植物压力和食草动物数量连接起来的带箭头的图就是路径图。评估路径最简便的方式是通过采用偏回归系数估算每个路径的强度（图中的箭头）,以及用拟合优度统计估算整个模型的拟合度（详细描述的例子见 Mitchell 2001,更完整且简单易懂的描述见 Grace 2006）。当其他变量的效应保持不变时,偏回归系数可以估算一个变量对另一个变量的影响。

路径分析可以阐明一些不同的因果假说可能的有效性（Shipley,2000;Mitchell,2001;Grace,2006）,该方法在评估间接效应的作用时尤其有用（图 7）。

当存在多种可能性时,可以使用包含结构方程模型和最大似然法的路径分析,形成看起来合理的相关科学假说,以评估效应的大小和确定最有可能的具有因果关系的假说。当许多因子之间通过不同方式相互影响时,我们就很难或无法以实验控制所有因子,在这种情况下路径分析就显得格外有价值了。

路径分析在一项研究的初期,尤其是在你投入大量时间之前是很有用的,如果能够与控制实验相结合,路径分析法就更有价值了。将假设的关系画成路径这个简单行为是正式思考你的观察系统的很好机会。路径分析中使用结构方程模型使你能更有信心地通过观察结果推测可能的因果关系。在既有观察又有实验控制的情况下,利用单一路径分析就可以将其结合起来。

路径分析的结果易受一些假设的影响。这种新方法的最大问题就是它对许多关于因果结构的假设依赖性较大。例如,我们假设因子之间没有反馈关系,而是非对称的因果关系（A 导致 B 的变化,但 B 并不反过来影响 A）。实际上这类反馈在生态学系统中是广泛存在的,所以就增加了对因果关系推断的难度和复杂性。

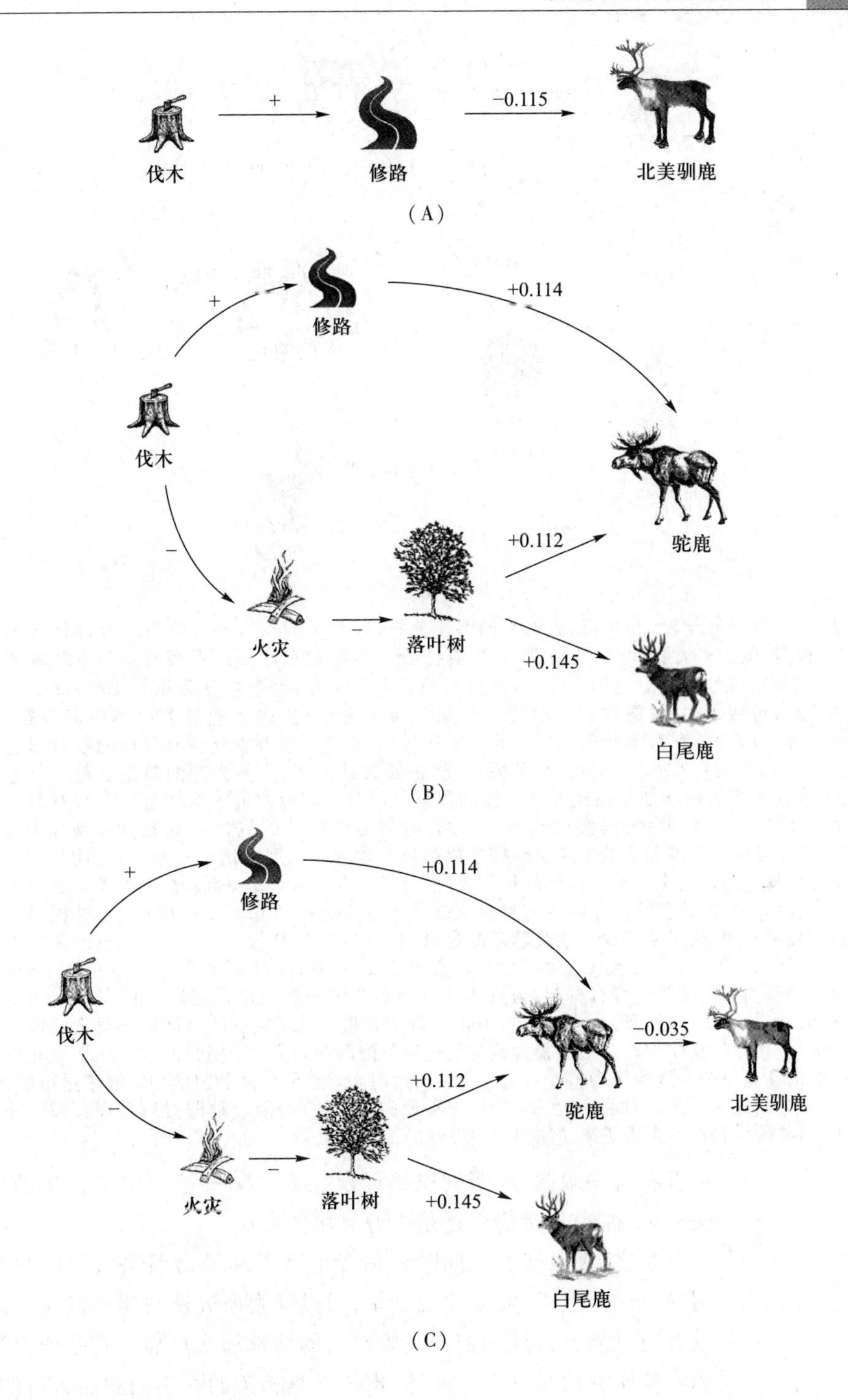
伐木
+
修路
−0.115
北美驯鹿
(A)
+
修路
+0.114
伐木
驼鹿
−
+0.112
火灾
−
落叶树
+0.145
白尾鹿
(B)
+
修路
+0.114
伐木
−0.035
驼鹿
北美驯鹿
+0.112
−
火灾
−
落叶树
+0.145
白尾鹿
(C)

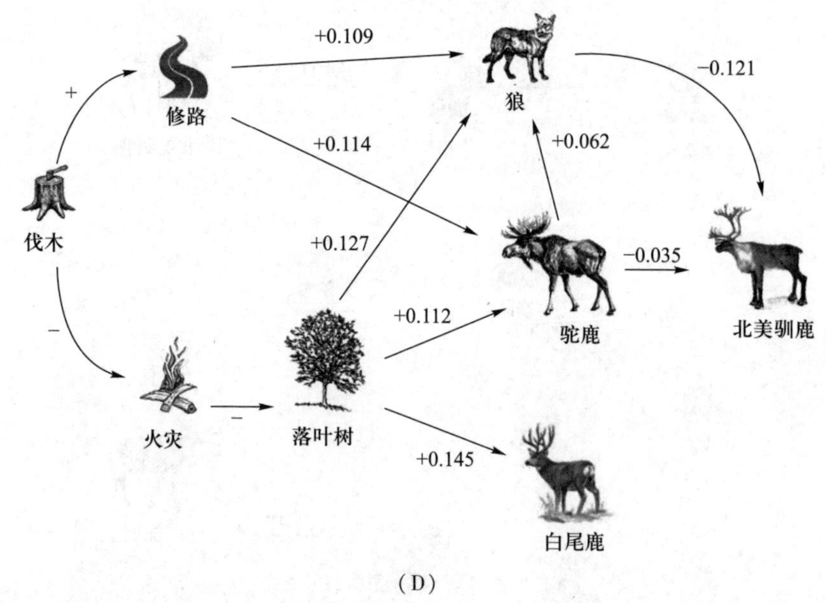

(D)

图 7 基于 Bowman 等(2010)研究结果的路径分析,展示了加拿大安大略省西北部地区关于伐木、修路、减少火灾、落叶树的出现,以及狼、白尾鹿和驼鹿的丰度对北美驯鹿数量影响的不同假说(该系统的自然史见图 1)。作者调查了 575 个样方,每个样方面积为 100 km^2。(A) 人类活动,包括伐木、修路对北美驯鹿的数量具负面影响,这些效应显著但整体影响较弱。(B) 伐木和减少火灾对落叶树的生长具有促进作用,而落叶树与白尾鹿和驼鹿的数量增加相关。(C) 修路与驼鹿数量亦为正相关关系,驼鹿的数量越多,北美驯鹿的数量就越少。总的来说,这些人类活动增加了白尾鹿和驼鹿的数量,特别是,驼鹿数量的增加与北美驯鹿数量减少密切相关(白尾鹿对北美驯鹿的影响不显著,故未标出)。(D) 这些人为变化也增加了狼的密度,进而减少了北美驯鹿的数量。路径系数对每个效应的强度给出了一个估计,使我们能够计算出各种生态机制中相对直接和间接的效应。例如,落叶树与北美驯鹿之间的关系是以下效应之和:落叶树增加驼鹿数量、减少北美驯鹿数量[(+0.112)(−0.035)]=−0.004;落叶树对狼的数量有促进作用,反过来减少了北美驯鹿的数量[(+0.127)(−0.121)]=−0.015;落叶树对驼鹿的影响,增加了狼的种群数量、减少了北美驯鹿的数量[(+0.112)(+0.062)(−0.121)]=−0.001。将这 3 个负面的间接效应合在一起,得到了落叶树对北美驯鹿的总效应(−0.004)+(−0.015)+(−0.001)=−0.020。很明显,含有狼的这条间接路径对北美驯鹿数量的负面影响最大。该分析结果表明,修路的总体效应及通过狼群数量变化调节的间接效应,比通过北美驯鹿、驼鹿和白尾鹿间的潜在竞争关系调控更为重要。这一假说可通过实验控制公路和狼群的密度来进行验证。当然,该分析省去了其他对驯鹿数量可能也很重要的路径,有些因素是调查后发现其影响并不显著,有些因素是没有考虑进来(如图 1 中提到的脑膜线虫)。

尽管有这些限制,对明确思路以及在某些情况下对因果模型的检验来说,路径分析仍然还是十分有用的方法。

总之,观察研究是同时评估多个因子和提出因果假说的很有用的方法。然而,需要注意的是,通过观察研究所得出的结论一般没有通过周密设计的控制实验得出的结论那么可靠。观察研究法和实验研究法是针对不同的、但通常是相关的科学问题而进行的。

培养你的室内技能

6

第　六　章

不幸的是,野外生态学并不仅仅发生在野外,在本部分,我们将提供一些技巧方面的建议,这可能让你的生活可以更轻松一点。

组织考察

组织一个野外考察需要考虑到全局和日常活动两部分。记住,你会想把你的数据作为某种故事来分享。所以自始至终都要问问自己,你的问题(全局)和你的日常活动是否允许你充分发展你的研究对象所能提供的故事。在你电子笔记本或野外笔记本上安排好你的野外工作,而不仅仅是在你的脑中。你可能会很想开始关注你的方法,比如处理和样本大小,但是要抑制这种冲动。写下你想在考察中得到答案的问题,以此来替代它。一天写作 10 分钟,或使用第 1 章框 3 中讨论过的迭代写作技巧是不错的尝试。确保你对这些问题已经有了明确的理解,并且它们是可回答的。令人惊讶的是,我们所进行的操作往往不能有效地、直接地回答我们想要解决的问题。这种“脱节”通常可以通过明确回答问题,然后自问这个实验操作是否是这个问题最合适的方法来避免。考虑替代方法是否可以提供信息、更具有有效性和高效性。将你的想法说给你的主要导师、实验室同事或会对你的想法提供一个有意义的反馈的任何人。在你忘记他们的评价之前多记录。

在你开始实验之前,尽可能多地厘清障碍。如果你需要的生物比预期还难找到,会发生什么呢?如果你遇到一个坏天气,你将会做什么?准备应急措施。试着预测所有可能变坏的、不好的事情,以及你如何应对这些问题。同样,把这些潜在的问题和解决方案讲给熟悉这个研究对象的人(你的主要导师或同事)听,来确保你的想法是正确的。

一旦你项目开始,让观察来指导你的下一步,跟随研究对象的脚步。反复思考你截至目前所做的事情,你如何解释这些结果,以及可能的替代解释,让这些信息指导你接下来的决定。每周至少对你的进展和初步结果进行一次评估。记录将大有裨益。

许多顶尖科学家既幸运又敏锐,他们能够洞察一些偶然发现的意想不到的新奇的事物。保持开阔的眼界,愿意从稍有不同的方向开始。朝着你认为最有利的方向前进,不要拘泥于在开始之前为自己制定的计划。当你重新设计实验或写下实验时,发展你最好的故事(你最有趣的结果),而不一定是最初让你设计实验的问题。记住,虽然你可能对自己想法的发展过程感兴趣,听众更可能希望听到你最有趣的框架中最令人兴奋的结果,而不管你是慎重考虑或运气爆棚做出了这个框架。

在整个野外考察中,花点时间来了解你的结果和它们的意义。我们建议你从三方面来做。第一,尽快分析你的数据。如果这只是你的处理方法和差异的总结,这没关系;它仍会让你对目前的发现有定性的了解。即使没有电脑,你也可以,并应该对你的数据有个感觉,不管你的样本量是否足够,不管你是否错过了一个关键的观察或实验,等等。回家后,一个完整的统计分析可以让你确认哪些效应是真实的,哪些实验是你想要重复的,以及你想考虑哪些新的方向。第二,立刻使用你的笔记写下你的方法;如果你不这样做,你会承担日后忘记关键细节的风险。第三,我们建议你在回家后尽快把研究结果作为初稿记录下来。这会有多方面的益处。阅读与导言和讨论相关的资料十分重要。这个过程让你把你的问题和结果放在一个更广阔的角度,并让你熟悉相关的文献。(完美主义者注意:不要在这纠结。从你的结果中获得一个初步的草稿比完成一篇文献综述更重要。)通常来讲,思考更大范围的生态学问题以及其他人在相关研究中的发现,你会对下一步要问的问题有新的想法。这个过程也会督促你根据刚刚发现的问题重新评估你的问题,并重新安排你未来研究计划的优先次序。此外,对每次野外的结果进行记录会为你的终稿提供草稿,并且可以提供可获得工作反馈的材料。根据经验,除非你的第一项研究已经有明显的进展(也就是说,已经将初步结果写出初稿),你最好不要参加额外的活动,因为你可能用它们来躲避内心的恶魔。

写作习惯

写作对很多人来说是很难的,但我们已经学会了一些技巧,可以使写作更容易。研究需要一个最终的书面作品,你可能会认为你应该在最后完成写作。我们不建议等那么久。相反,你应该尽早、经常写作。例如,你可以每天写一小段时间,比如半小时,至少是 15 分钟。时间多少并不重要,每天固定且规律的写作才是重要的。在你准备写论文之前的几年里就开始你的日常写作。用写来产生想法(见框 3),理解加工你所读的论文,记录你的方法,并对你的观察保持追踪。查尔斯·达尔文每天早上都写作,并在午饭前完成。这种习惯帮助他创作了 20 多本著作。

我们发现的另一个非常有用的技巧叫作番茄工作法(Pomodoro Technique™)。Francesco Cirillo 发明了这种方法,他主张工作时每隔 25 分钟休息 5 分钟。当时,在 Cirillo 居住的意大利,很多厨房计时器的形状都像西红柿(*pomodori*),是这个古怪名字的由来。你可以进行尝试,写作 50 分钟,然后休息 10 分钟。我们偶尔会被邀请与加利福尼亚大学戴维斯分校的研究生小组一起使用这项技术,我们发现它有趣,且卓有成效。我们希望边做边写帮助你了解这个过程。

学会阅读

作为专业人士,写作只是交流的一个方面,阅读是另一个方面,二者是相互依存的。到你如今的成就,还能说些关于阅读方面你不知道的事情吗?阅读学术文献与阅读小说、博客或教科书是不一样的,在大学里有用的东西在研究生院及更高层次也不一定有用。作为一名新研究生,Mikaela 一直努力阅读每篇文献的每一个字,并以不同颜色的笔去标注它们,以此摆脱因为无聊、注意力不集中和词汇知识不足导致的走神。如果你是这个领域的新手,过段时间词汇量就会多的,尤其是在你使用了字典(纸质版或电子版)的情况下,所以在这方面放轻松。了解期刊文章的结构也会使你更容易专注于论文的特定部分,例如,根据你是否想知道该领域目前发展到什么程度,或者作者提出了哪些具体问题(要了解期刊文章的结构——请参阅第 8 章中的框 6“期刊论文核查单”及相关内容)。

所有生态学家(不论新老)都面临的一个问题是爆炸性的可

用信息。显然不可能对它们进行全部阅读,但是被过量信息压倒,反而阅读极少也不是一个好的策略。关键是决定你感兴趣的主题,然后确定这些主题的重要参考文献。综述通常会给你提供进入某个领域的绝佳途径。寻找在标题中标注“综述”的论文或在*Annual Review*或*Trends*期刊上发表的论文。研究论文的引言中通常引用了某一领域的重要文献,这些可以为你提供起点。你也可以在科学数据库(Web of Science)中输入关键词来找到立足点,或者使用该数据库来查看还有哪些文章引用了一篇你觉得相关度特别高的文章。如果以上大部分措施都没有什么帮助,也不要心烦。你的导师或其他导师同样会助你起步。

你也可以考虑一下自己是如何阅读的。法学院一年级的学生一直是阅读策略研究的对象,我们认为这也适用于生态学家。最常见的阅读策略分为以下几类:“常规阅读法”(如进行总结、复述、标注文中的重点等)、“问题阅读法”(阅读时思考作者的目的,提出你的假设和问题等)、“反问阅读法”(将阅读和你的个人兴趣联系起来)和“分心阅读法”(阅读时无法集中注意力)(Deegan,1995)。在班上排名后四分之一的学生最可能使用的是常规阅读法。我们怀疑这种策略对研究生可能不奏效。一学年结束后,排名前四分之一的学生一般采用“问题阅读法”,可能因为“问题阅读法”在课堂上效果很好。进入法学院时,这些学生的本科GPA或LSAT成绩没有显著差异,因此本科生的成就并不能保证学生在法学院拥有取得优异成绩所需的阅读技能。

在这四种阅读策略中,对于发展一个成功的研究项目,反问阅读策略可能是最有价值的。在阅读一篇论文之前,想清楚你想从中获得什么。这将会为你提供研究方向的新思路吗?你想知道其他人在这个领域已经做了什么吗?你对作者使用的技术感兴趣吗?给自己一个时间限制去获取你想要的信息——阅读文章,得到你想要的,结束阅读。让自己享受这种限制下的阅读。作者怎样证明了他们的工作?他们的主要结果是什么?他们怎么对自己的工作进行展望?你可以用几分钟来思考这些问题,但别忘记你阅读的目的。在你开始阅读之前,简单记下你想要从中获得答案的问题。这能防止你用阅读来拖延,迫使自己关注材料并进行写作。这个策略将帮助你搞清你现在阅读的内容,并将使你更轻松地应对写作。

学生经常对反问阅读策略感到困惑,因为它并不是很具有批判性。有一种批判的方法(问题阅读策略),可以发现缺少什么或者可以改进什么。但许多研究生在阅读论文时却陷入了寻找所读论文的缺陷。每一篇论文都会有缺陷,但发现其缺陷并不意味着要放弃这项工作,且这有可能使你从论文所提供的有用信息中分心。要成为一个创造者,而不是成为一个批评家。

当你在听研讨会时,运用这些策略可能会有帮助。思考一下这个研究和你的工作有什么关系,或者准备好问一个问题(不管你是不是真的问了),这会让你成为一个更专心、更积极的倾听者。

你已经阅读了很长一段时间,可能需要一些时间来训练自己以一种新的、更有效的方式阅读。我们希望这能鼓励你分析自己的阅读策略,并与你的同事讨论策略,来面对堆积如山的学术文献。

当你计划你的活动时,请记住,你的目标是进行研究,让你了解自然,并交流你的结果。在分配你的时间时,仔细考虑那些不会产生可发表结果的活动——只有当它们能让你更快乐或者从长远来看能让你更具竞争力时再去做。

7

第　七　章

与他人合作并找一份生态学方面的工作

当年我们希望自己能成为一名生物学工作者时,我们想象着整个科学过程是完全客观的;真理是可以从一些为数不多的假说中脱离出来的,而不会受社会关系的影响。但是我们在这个行业里待的时间越长,我们就越会对存在那么多反面事例感到吃惊。科学是一种社会职业,生态学工作者也是人,提出好的想法是不够的;那些成功的生态学家需要对自己的想法赋予价值。

本章我们将考虑一些社会现状,而这些现状你作为研究生或当上教授的时候都可能会遇到。研究生训练这个传统是在中世纪确立起来的大学和研究院(所)里进行的,并在不经意中遵从了中世纪欧洲的习俗,包括 Damrosch(1995:18)所描述的那种“对研究生学徒和博士后熟练工有契约的奴役”。或许是由于大学起源于修道士的传统的缘故,高度的热忱奉献和自律是我们所期望看到的,并且很少有人对此持反对意见。许多大学的管理者们都已经开始讲授“工作-生活平衡”的话题了,但在你所遇到的那些学术界的人们(如你的导师和研究群体等)的脑海里可能根本就没有这种平衡。

怎么挑选导师

大学是可以授予你学位,但那种荣耀与你整个求学过程所接受的智力、情感和经费支持的程度等方面相比,就显得不是那么重要了。你当然应该想办法得到经费资助,这样可以使你能有份工作,但是你却不应该根据只有几千美元之差的生活费就随意选择了你要做的项目。如果你想挣钱的话,那研究生院绝对就是一个错误的地方。除了科研之外,你做任何其他事情都能增加你的收入。但是如果你对生态学充满激情和梦想的话,那研究生院就是你最适合的地方。最重要的是,当你在选择研究生项目时,选择的是导师而不是学校。

如果你还没有成为一名研究生,你可能会低估与导师的关系的重要性。然而,它会影响发生在你身上的任何事情,所以你要慎重地选择。在申请项目时,你应该与潜在的导师进行联系。不要试图解释你一直对大自然感兴趣,从三岁起,和虫子玩耍就是你的爱好所在。相反，你要准备好解释为什么要和那位教授一起工作会很符合你的兴趣。如果你谈论的是他(她)正在做的实际研究，而不是泛泛地说想要研究脊椎动物或在海洋系统工作，他(她)对你的印象可能更深。之后，当你提交申请的目标陈述时，这位潜在的主要教授和其他委员会成员将对你的研究兴趣投以关注。

你要保证与你的导师保持良好的沟通和交流。你的专业教授作为研究人员的声誉很重要，但远不及他或她作为研究生导师的声誉重要。在接受任何一位教授的邀请之前，你应该要尽力去多拜访其他教授。问问老师对你的工作时间要求是多久。学生们是否需要在早八点到晚五点之间进行面对面交流，还是你会设定一个让自己效率最高的时间表？他们会给你一个课题，还是你自己想出一个？咨询一下已经离开他们实验室的那些学生，那里到底发生过什么事情。摸清楚有多少人完成了学位。如果他们没有完成，到底是什么原因导致的？他们毕业后都找到了什么样的工作？试着与他们去联系一下。你要清楚自己是否也愿意处于他们的状况在这条路上走上 5 年到 10 年？教授们都有作为导师的业绩记录，你也可以期望像以前的学生一样面临许多相同的挑战，并取得最终的成功。

研究生与导师经常争执的一个问题是论文的署名权问题。每个学科领域都会有自己学科领域内的署名行规和传统。一般来说，以实验室工作为主的研究项目，将导师作为论文作者的情况要比从事野外研究的项目更常见些。一个不错的主意就是去问问实验室以前或在学的学生，他们是如何与导师一起发表论文的。美国生态学会曾建议了一个署名原则。基本原则是，如果要想成为作者之一，必须对论文有较大的智力贡献。只是提供经费资助，不能作为成为论文作者的一种特权。尽管有时候局面会很尴尬，但是在设计一项工作之前，讨论一下论文的作者署名(包括作者顺序)还是有必要的。你可能不太愿意很早就造成一些不愉快的局面，但是提前讨论这件事情可以避免以后可能发生更大的不愉快的事情。无论你的潜在共同作者是不是你的专业教授，这些作者指导原则都适用。

与其他生态学家交流

尽管有这样那样的传言,研究生院并不是完全独立于社会的存在。作为一名研究生,你的工作包括考试和一篇需要教授委员会参与的论文。你们将在研究上进行合作,参加会议,并在建立实验室和野外工作中获得广泛帮助。生态学领域的成功最终依赖于互帮互助。

完成研究生学业通常需要至少召集两个委员会——一个是为了资格考试(口试),另一个是为了评估你的论文或毕业论文。你需要多跟你的指导委员会的成员保持良好的联系,这样他们就可以像你的导师一样能够给你提供一些尽可能的建议和帮助。选择那些最能够给你帮助的教授作为你的指导委员会成员。你可以通过参加他们的学术讨论会,参加他们的实验室会议,跟他们交谈你的研究项目等方式去认识他们。最好你的考试委员会、论文委员会等是同一批专家,这样你们可以相互都很熟悉。他们对你了解得越多,他们就会在你身上投入的精力越多,在你论文投稿和申请工作的时候他们会给你更多的帮助。不要犹豫,要将你的研究计划、基金申请材料、论文初稿等都给你的指导委员会成员。如果他们很忙的话,他们会告诉你的,但是至少他们知道了你在各个方面都在努力去做。如果他们经常太忙,你也应该考虑找些会在你身上投入更多时间的委员会成员。千万不要只限制在自己的实验室这个小圈子内,从而失去与指导委员会的联系,你需要和其他教授保持联系才能成功。

如果你打算成为研究型大学的一名生态学家,你的委员会成员同样会是给你职业见解和求职材料建议的优秀资源。如果你打算找一份专注于教学或政策方面而不是研究性的工作,这些委员会的成员可能会"理解"你的观点,也可能不会。这取决于他们对研究型大学以外的工作的偏见。而且,即使是那些心怀好意的人,也不总会像那些已经走上你喜欢的职业道路的人那样了解其文化。一些研究生项目会允许你从校外额外选择一个委员会成员,如果你对毕业后要找的工作有明确的规划,这可能是一个不错的选择。

作为一名研究生或者一名专业的生态学工作者,通过与其他学者的合作你可以经常扩展你的研究范围。良好合作,就像其他的互利互动一样,通常参与的一方能够提供他们的伙伴无法轻易获得的技能或专业知识。也许某个人是很出色的化学家,另一个人在这些方面虽然并不是很精通但却在自然史方面具有丰富的知识。如果他们能走在一起,那么就会达到一个人所不能达到的那些目标。有时候兴趣相同但性格不同的人在一起合作也会很有成效,一个想法很多但难以完成项目的人与比较务实的人在一起合作也会更有成效。合作研究最大的问题就是你对合作的内容和工作进程失去了控制。例如,你可能比你的合作伙伴更繁忙(或工作更少),这可能会让你们双方都感到沮丧。除了这些不利之外,合作的优势是很大的。三十年前,在生态学领域大多论文都是单一作者,但今天完全独立工作的严格的个人主义者已相对少见了。

另一个有效的熟悉同行的方式是参加专业会议。尽管你可能对此感到有压力,主动去参加并尽力去与他们接触是很值得的。参会的时候对自己要好一点,不要有些不现实的期望,但要做到享受这种聚会(感到累了就休息一会儿或去散散步)。

参会提供了一个让他人熟悉你的工作的机会,了解其他人的研究有哪些进展,你会收到一些有益的反馈信息,更重要的是你可以与人闲聊。不要觉得你需要把自己介绍给你所在领域的大人物。任何互动都是有益的。由于个人交流是很重要的,所以尽量与你学科领域内的人熟悉是非常重要的,这将有利于你开始合作研究、发表论文和获得基金支持,也让你感到自己也是圈内的一份子。

研究项目和生态学这个职业会使你与各种各样的人去打交道,包括行政秘书、保护区管理员、资源管理者等。不幸的是,一些生态学家把这个世界看作是一个等级制度,学者处于顶端。但是发表论文需要很多人的帮助。你和那些帮助你工作的人建立良好的关系是互惠互利的。即使你很害羞,希望你还是努力去向这些帮助者们表达你对他们的尊重或感激。

完成研究任务的一个方式是雇佣其他人员。这些被雇佣的人可以从事重复性工作,这样你就可以有时间去多做一些有创意的工作。研究助手可以在你不能去野外的时候协助你去完成野外工作。除此之外,有些项目需要很多人手,有助手可以使你去解决那些一个人不能解决的科学问题。但是,雇佣帮手也有很多弊端。他们的工作成本很高,他们可能会不在乎工作完成的质量。对多数助手来说,他们的任务只是一个工作而已。雇佣助手的工作通常包括写拨款和进度报告等,这些文字工作会使你变成一位行政人员,而你的助手反倒成了一名生物学工作者。他们对研究对象也不会有很多的了解,更不用说对科研的直觉。当我们让一些人做程序化的工作时,我们会经常吃惊他们的工作为什么做得“那么差”。诚然,我们每个人都有一些“小技巧”。实际上无论工作程序描述得多么详细,对另一个人去转达全面的信息是很困难的。所有的那些精巧的直觉都来自对研究对象的仔细观察。如果你雇佣其他人帮助你去亲身实践,而你去完成一些书面的工作,那么就可能会失去对你的研究对象形成更详尽直觉的机会(也可能是一个大的科学问题)。一个将这种风险降到最低的方式就是尽量要求自己在你的那些帮手身边工作,这样既可以保证工作的完成质量,也可以去发展你的一些重要的直觉。

如何找到一份生态学方面的工作?

找一份工作是你要做的最重要的事情之一,有些事情在你获得学位前的几年里就应该着手开始考虑了。认真想一想你到底喜欢什么样的工作,如何能够找到这样的工作,如何使你的申请更有吸引力。

首先你要做的是明确你最喜欢哪种工作。除了发表论文外,不同的工作有各自不同的技能和经历要求,所以认真问问自己到底最喜欢什么样的工作非常重要。也许这是一个很难回答的问题,因为你怎么知道哪些工作岗位是招人的,那个工作做起来到底会怎么样呢?你可能已受到训练(被灌输过),认为一些工作比其他工作更有价值,是因为它们带来的名声、薪水和安全感等。我们这里给大家强烈推荐 Beck(2001)对此问题的深度剖析。她把“社会的自我”与“本质的自我”区分开来。你的社会的自我是根据你周边的人对事物的看法而做出评判,你本质的自我最知道你真正需要花费时间的事情，因为它有一个“指南针指向你的北极星”(Beck，2001:3)，但可能被你社会的自我压抑住了。我们许多人都会潜意识地受他人的影响而选择背离我们内心的意愿。有时候摆脱他人的这种影响要比你想象的困难得多。如本书的作者之一Mikaela，她进入研究生院只是因为当时她想在一个小型的以教学为主的学院工作。几个月后，她说她想成为一名研究教授，她对此有自信。她经历了多年的曲折才质疑自己的这种意愿。这是她的社会的自我所驱使的，而不是更真实的本质的自我所驱使的。

那么是哪些人压抑了我们内心的意愿呢？他们可以是我们的同龄人，是我们的父母和教授们(更不用说我们自己了)。多数情况下，他们的初衷是好的。让这些人失望是很痛苦的，但是任由他们引导你的前程是更糟糕的事情。Beck (2001)一书中有很多有趣的训练，来帮助你找到你的本质的自我到底需要什么，以及如何去找到。

一旦你的目标很明确，采取策略去实现是很重要的。我们在本书的开始说过，生态学中所有工作最基本的标准是论文发表(社区大学的工作可能是个例外)。工作招聘委员会看重你的科研情况，对你过去做过哪些工作并不是很看重，他们评价你是根据你的发表记录。技能、视野、资助和合作等将帮助你建立你值得追求的业绩。有很多关于成功找到工作和准备面试的具体细节，我们在这里不做赘述。为大家推荐一下 Chandler 等(2007)关于准备一份优秀研究简历及陈述自我研究兴趣的指南。我们发现撰写关于教学简历和陈述教学思路的有用信息，可以在大学教育中心的网站上找到，如圣路易斯华盛顿大学(http://teachingcenter.wustl.edu/writing-teaching-philosophy-statement)和密歇根大学(http://www.crlt.umich.edu/tstrategies/tstps)。

当你逐渐明确了你想干什么，还要确定自己已经找出想要加入的“圈子”的特殊文化。举个例子，如果你专注于社区大学，我们已经被告知，如果你在完成学位期间有与社区大学同水平的教学经历，那么找到终身教职更容易。直到获得学位后再去获得这种经历，将使你承担成为永久“高速路飞人”的风险，即在多所学校被雇佣教授单一课程，但没有终身教职。每一种圈子文化都有其各自的潜规则，因此需要提早问清。

当你申请工作的时候，你需要查找一些有用的信息。此类信

息常被列在 *Science* 和 *Nature* 期刊的网页、《高等教育年鉴》、美国生态学会的在线工作公告栏以及“生态博客(Ecolog)”等。在此提供一个生态学科研工作的优秀资源：http://biology.duke.edu/jackson/ecophys/faculty.htm，由 Rob Jackson 维护。咨询你选择的领域内已经工作的人，是否有你感兴趣的相关的网页，这十分重要。

多数令人满意的工作从来没有列在招聘信息中，需要你自己去创造。列出你具有的对于雇主有用的技能或专业知识。然后，找找那些可能对你的技能或专业知识有兴趣、可能会雇佣你的人。带上你的研究计划和能够证明你能力的材料，去找这些人。有一本畅销数十年的著名求职书目：《你的降落伞是什么颜色的?》(Bolles，2013；第一版是 1970 年)，提倡此类自己创造工作机会的方法。不要让你的规划和锻炼阻碍你的行动，这个方法有时非常有效。Rick 通过接触他本科母校哈弗福德学院(Haverford College)的院长，提出应该提供生态学教育，而他正是这一工作的合适人选。这看起来像是豪赌，但确实有效。我们也见证过很多在不同场合下找到工作的类似成功事件。

以教学为主的机构比研究型大学有更多的工作机会。大多数研究生几乎没有接受教学生涯职业培训(Gold 和 Dore，2001)。如果你希望从事一份教学性质的工作，那么除了要证明你了解生态学研究，你还应该有教学经验(Fleet 等，2006)。如果你在一所研究型大学获得学位，那么当你在工作市场上找一份以教学为重点的工作时，你很可能会对别人对你的期望产生错误的认识。例如，在本科院校中，有 57%~67%的生物学教师认为成功申请职位的人应该有教学经验，而在研究机构中只有 34%的人有这样的想法(Fleet 等，2006)。所有申请教学工作的人的求职信和教学理念陈述都说的是教学多么令人愉快、有价值和值得的。为了使这些陈述看起来可信，你应该有一些实际的教学经验。在别人教的课上当助教不会让你与众不同。相反，你应该走自己的路去开辟和教授你自己的课程。你可以通过在你所在的机构教授暑期课程或在当地的专科院校授课来创造机会。也许你以前的本科院校的教授正在考虑休假。几个与你的教学理念相关的具体问题如果反复出现，你就应该考虑一下如何回答它们。你希望你的学生知道或能够做什么？你如何帮助他们做到？你如何评价自己是否成功了？

最后,你如何教你所有的学生,而不仅仅是那些无论你做什么都会成功的学生?如果你正在寻找回答这些问题的新思路,看看关于如何有效地教授生态学的研究。一些好的资源(按资源丰富程度排序)包括《生态学教学问题与实验》网页、《CBE-生命科学教育》和《生物科学》等。

如果你想在非营利机构、政府机构或私营机构工作,那么在申请之前,如果你在该领域甚至是该机构有过经验,会使自己更有吸引力。许多从研究生院成功转型到非学术性职业的学生会与他们感兴趣的领域(政府机构、非政府组织等)的科学家进行交流。在学校里与潜在雇主建立联系是很有价值的,而实习是另一种很好的方式。有两个很好的非学术性工作列表来源是 Ecologo-L 和 USAjobs。

除了研究和学科专业知识,非学术性工作的招聘委员会可能会注重人际关系、领导能力、人脉和管理技能(Blickley 等,2013)。对非营利组织来说更是如此,而私营机构的工作同时也重视技术和专业技能。有时,你在研究生院做的一些与研究无关的工作所培养的技能可以应用到就业市场。例如,批改论文可以让你获得一些技能,这些技能在以后给你的主管提供反馈时将会非常有用。如果你在教授烹饪的课程中遇到了困难,试着把这种经历变成在观众面前演讲的练习机会,清楚地解释概念,与同事(其他助教)一起做决定,等等。如果可能的话,在求职信中描述一下这些技能是如何与职位要求相关联的。比如,如果这份工作涉及口头陈述,那就通过你的经历告诉对方这是你已经获得的技能。

找到一份你喜欢的工作可能是一个艰难的过程。有些人会花费多年的功夫,而另一些人似乎运气够好,很快能够找到好工作。通过这些年来的观察,我们发现坚持不懈是有回报的,如果你不断改进自身技能,将会有好事发生。

总而言之,科学是一项比我们刚开始时想象的更为社会化的事业。与你周围的人进行有效的沟通可能看起来很困难,而且不相关,但对你的成功来说,可能和科学本身一样重要。即使你主要关注于弄清楚如何有效地研究,花时间培养获得你真正想要的工作类型所需的其他技能也是非常值得的。

学术交流

8

第 八 章

尽管学术交流所需要的技能与科学研究很不相同,但它却是从事野外生物学研究的一个很基本的组成部分。探究自然是一件很有趣的事情,但是只有将所获得的结果与同行交流时,才能有利于生态学的发展。如果根本没有人在现场听到一棵树真正倒地的声音,那我们关于森林中是否有树倒地的争论将会索然无味。但是,从学科领域和学术团体的角度看,如果你没能让那些对你的问题感兴趣的人明白和了解你到底发现了什么,那么基本上可以说你的发现没有起到什么作用。

当然,并不是所有对交流所做的努力都是成功的。在生态学中,在这些方面的努力对于你的发现和想法将会产生怎样的影响,具有重要的作用。达尔文在其著作《物种起源》的第六版和最终版中,补充了"关于物种起源的见解的发展史略"这部分内容。达尔文主要是解释了截止到 1889 年,他的理论与众多的那些先行者的理论有哪些不同。由于许多作者基本上都忽视了自然选择理论的主要观点,因此达尔文在书中对于哪些作者关注了这个问题是很容易处理的。但有一位作者却让他很头疼,达尔文在书中写道,

1831 年,Patric Matthew 先生出版了著作《造船木材和树木栽培》,他在书中所明确提出的关于物种起源的观点同华莱士先生和我自己在《林奈学报》上所发表的观点(下详)以及本书所扩充的这一观点恰相吻合。遗憾的是,Matthew 先生的这一观点只是很简略地散见于一篇著作的附录中,而这篇著作所讨论的却是不同的问题,所以并没有引起人们的注意……

Matthew 当时就理解了物种起源的原理及其意义,但没有与同行进行很好的交流,所以即使他在书中阐述了这种思想,由于没有引起人们的注意,那么实际效果就如同他根本没有提出这一观点。

类似这样的问题并不局限在维多利亚时代。如 MacArthur 和 Wilson(1963,1967)提出的岛屿生物地理学,这个学科曾引起了进化生态学的革命。在 MacArthur 和 Wilson 之前多年,学者 Eugene Munroe 就提出了一个同样的平衡理论,并有在西印度群岛的关于蝴蝶的数据来支持物种-面积之间的关系,还有详细的模型解释[Munroe 1948(他的学位论文)和 Munroe 1953(一本名不见经传的论文集)]。令人遗憾的是,Munroe 也是几乎没有与同行们进行过交流,学术界也不知晓他的这个发现(Brown 和 Lomolino,1989)。

这些例子说明,将研究结果发表在什么地方是很重要的。一定要确保让尽可能多的同行看到自己的发现。然而,Matthew 和 Munroe 是生态学史上被遗忘的脚注。后来,其他学者独立提出了与他们相似的学术观点,并通过学术交流,获得学术界的承认。像 Matthew 和 Munroe 这样的学者还会有多少呢?他们的那些创新性的进展和发现有多少没有与同行们交流过?又有多少没有被重复研究过?

在我们的领域内,发表学术论文就是硬通货。一些期刊的影响要比另一些大,也会拥有更多的读者。有很多关于期刊的评价体系,这些评价是浮动的,在一些网站就能查得到,如 http://www.scimagojr.com/journalrank.php?category=2303。要想知道你的研究领域内有哪些影响比较好的期刊,最好的办法就是去咨询一些有经验的生态学家,并通过自己的亲自阅读(略读)去了解。

论文写作和总结报告是交流你的工作发现和学术观点的重要方式。除此之外,通过准备报告和撰写论文这些过程,可以使你明白你已经掌握了什么,还有什么没掌握,如何将那些零散的信息整合在一起,等等。几乎所有经验丰富的生态学家都会告诉你他们的一些痛苦经历,他们经常会认为自己对将要演讲或写作的主题掌握得相当好,但是,一旦当他们坐下来寻找将要使用的具体单词时,就会发现有些方面还没有想得很透。准备报告和撰写论文的过程可以帮助我们厘清思维,这个过程除了学术交流外,对自己个人的发展也是很有价值的。

许多生态学工作者在组织他们的报告和论文时,通常先列出一个大纲,这样做的效果的确很好。大纲可以是以正式的罗马数字排序(Rick 喜欢),也可以是非正式无序排列(Mikaela 喜欢)。当我们在组织工作的时候,可能会对各种观点暂时无法确定其排序,这时就可以先列出一个单子,然后对已经写下来的内容进行编号或用不同的颜色进行标记,这样会有利于将一些相似的或相关的内容进行归类和合并。下一步就是需要确定将哪些内容放在前面,如何将这些内容按照逻辑性串联起来,有机地整合起来。如果你认为你不需要大纲,但你又从来没有尝试过以这样的方式写过专业论文,那么我们还是建议你尝试一下。这看起来似乎是有点浪费时间,但从长远看,实际上是起到了事半功倍的效果。

如果你接受了我们在第 6 章提出的建议,你会在每个季节都将所获得的结果进行及时总结。刚开始时阅读的那些文献会帮助你厘清你的实验的重要性和意义,将结果及时总结出来也会帮助你厘清在那些已经获得的结果中,哪些是确定性的,哪些还不足,尚需进行进一步的测定等。了解自己已经获得了哪些结果,对设计你下一步的实验也很有帮助。这样的做法,看起来好像是一件额外的工作,这实际是一种误解。当你真正写论文的时候,你会用到很多初稿。这也使得你最后写论文的难度大大降低。最后,如果你的同事或指导委员会的委员们能及时读到你的论文初稿,他们也会很容易了解到你的工作和进展,这比只是给他们一些不是很明确的结果要好多了。接下来的部分,我们将对如何组织你的工作,在以下几个方面提出一些建议:① 期刊论文;② 口头报告;③ 墙报;④ 基金和研究项目书。

期刊论文

期刊论文就是生物学家们的面包加黄油。撰写论文初看起来似乎是件很可怕的事情,但是一旦当你认识到写作它们的程式时,一切都将会变得很容易。期刊论文对于展示你获得的研究成果是非常重要的,同时也可以让学术界的同行们与你一起分享你的研究成果。

要时常惦记着修改自己的论文。Rick 在写论文初稿的时候喜欢将之视为一个让自己的想法条理清晰之所。然后他尝试着从一个读者的角度更严格地进行第二稿的写作。他在心里经常问自己,这个故事讲清楚了吗?故事的逻辑性合适吗?这样写是否真正表达了自己的思想?有时候他设想他的父亲正在阅读他的文章。他的父亲没有受过正规训练,因此也没有内行们那种先入为主的问题。Rick 经常问自己:父亲能否读懂我在说什么?我如何修改才能使他容易读懂呢?

没有经验的作者,时常在想他们应该坐下来写出一篇漂亮的文章来。我们的建议是,在你写文章的时候需遵循下面四个步骤(Lertzman,1995)。第一步,首先明确在文章中你想要表达什么。在这个阶段不要担心语法或语言的组织,你的目标是把你的想法写在纸上。第二步，组织你的思路（可以利用提纲或其他你喜欢的方式），使其具有逻辑性。第三步，开始写作。要带着批评的眼光来阅读自己的初稿，多想想你究竟想告诉读者些什么。第四步，仔细加工你的文字，使你的观点更准确，更有说服力。这几步可以分开进行，这样可能会更有利于你的写作。如果你还没有开始写作的话，若能包括以上这四个方面，对你的写作也是很有帮助的。如果你的母语不是英语，找一个母语为英语的人来帮助你完成最后一步可能是个好主意。

绝大多数期刊论文都有一个标准的模式：摘要，前言，方法，结果，讨论和结论。（就是在著名期刊《科学》（*Science*）和《自然》（*Nature*）上的文章，也是以这种模式来写的，只是有时候不是很容易看出来而已。）你的论文大部分应该用过去时态写。描述你做了什么，你在做的时候发现了什么，以及你如何解释这些发现。一些作者用现在时写前言，描述知识的当前状态。

在下面的部分中，我们将为你提供一些信息，以帮助你了解一篇期刊文章的各个组成部分。

题目和摘要

论文一般是从题目和摘要开始的（尽管这两个内容我们往往喜欢在最后来写，那时我们对要点及其重要性有了很好的认识）。论文题目表达了这篇文章是关于什么内容的。《生态学》（*Ecology*）期刊的编辑 Don Strong 认为题目应该是表达主要的研究结果而不是只包含关键词。例如下面这个题目："火会增加河岸和林地生境中蝴蝶的多样性"，就比下面的这种表达信息量更大："两种生境中火对蝴蝶多样性的影响"。

摘要是一篇文章的总结。一篇摘要需要包括一两句话的基本原理描述、主要结果和结果的含义等。自始至终，要具体，也就是说，不要只告诉我们呈现的结果，告诉我们它们到底代表了什么。摘要要求语言简练和结论清晰。多数读者往往可能是只读你的摘要，即使他们会读全文，审稿人和所有来自各个方面的评论意见在很大程度上也主要是根据题目和摘要做出的。

前言

前言应该说明你的科学问题和解释这个问题为什么有趣。在第一段或开始的几个句子就应该提出你要研究的科学问题,说明我们(或其他的生态学者)是如何思考这个问题的,一个有效的方法就是提出一个问题或者一个现象,大家对这个问题或现象都很感兴趣,这样就可以吸引大家的注意力。如果你的科学问题的重要性不是很明显,那么你一定要用事例来说明你为什么要人们来关注和阅读你的文章。例如,解决了这个科学问题是否对学科发展有很大的贡献?思考一下什么对你的读者重要(如环境保护、基础生理学、理论),再决定你应该用什么样的方式来刻画你的问题才能使他们感到有趣。

我们发现,在前言中提出一个一般性的科学问题要比简单描述一个具体研究对象、研究系统或一个研究主题效果要好,实际上很多学生都喜欢以后一种方式开始自己的前言。举个例子,我们并不在意你对毛熊毛虫是如何感兴趣的,我们希望看到的是你根据问题,论述目前关于食草动物对食物选择研究的一般进展情况,然后说明通过对这种幼虫的食物选择的研究,你将对这个领域的发展有哪些贡献。如果读者不能很快知道这个问题与他们的兴趣之间的相关性,你还需要解释为什么寄主植物的选择对于理解其他生态和进化问题是很关键的,换句话说,你一定要解释清楚我们作为生态学工作者为什么需要这些知识。例如,你不要只是简单地说,了解旅鼠的寄生率的情况是很重要的,你需要解释为什么了解了寄生现象对于我们理解旅鼠种群的周期性变化是有帮助的。等到在前言的最后或方法部分,再对研究对象的自然史进行简单介绍。论文的前言从一个具有一般意义的“钩子”开始,能激发更多读者的兴趣。

你可以通过一个具体的例子来检测你提出的一般性问题。在你的前言里,你可能想引用与你所研究的主要问题相关的研究,比如先前在其他研究系统中进行的相关工作。但如果你只是想说明你对这些文献如何熟悉,建议你不要在你的引言(或文中其他部分)中引用这些文献。关于这些内容的综述,只有当你想解释为什么你的研究系统有助于回答一般性问题时,才应该将其包括进来。

我们一般喜欢这样来结束前言:或者正式列出我们将要回答的科学问题(写论文的时候),或者简单回答我们在开始提出的科学问题(做报告的时候,我们在后面会论述)。在前言中一般不需要描述一个零假设(可以据此有一点预测,但可能会引起混淆),但你要测定的某个具体科学假说(或多个假说)是需要清楚表述的。这些问题会让读者(听众)清楚在方法和结果部分将会有哪些内容。由于这个模式有点相对标准化了,一些读者往往会直接跳到你的前言的最后一段,去看看你提出的科学问题是否有趣,是否值得他们继续读下去。

方法

方法部分经常以简要描述研究对象的自然史开始。这些内容有时也会在前言的末尾和要讨论的科学问题清单之前进行描述。关于自然史部分的描述,不要过多,只要足够就行了。这样读者就会明白你的实验和你阐释的重要性。

方法部分的核心是描述如何收集数据。在论文中,你的方法必须描述得足够详细,以使他人能够进行重复,应包括你在哪里、何时、如何进行你的实验操作与如何测量,以及你应用的统计方法。让读者明白你的每一项测定的目的,因此不要只是去描述一些细节,建议在描述每个实验的时候,一般采用的方式是:“为了验证毛熊毛虫广泛选择寄主植物的假说,我们做了以下实验。”

由于方法部分一般读起来很乏味,而且审稿人和编辑不是很喜欢太长的方法描述,所以该部分应该尽量简洁。研究生们往往会认为他们应该详细描述实验的每一个细节,但事实并非如此。正确的做法应该是,仅描述与你想要讲述的故事直接相关的信息。例如,也许你每天都会详细记录气温、日照百分比或者降水,因为你认为这些信息可以帮助你解释龙虾取食的某些变化。但是,你却并没有发现它们有任何相关关系,你的文章中也不会去涉及这些方面。尽管你想告诉读者你已经做得多么细致,但是读者却并不希望在文章中读到这些无关的细节。不是直接相关的信息只会干扰你的表达,影响你对重点内容的描述。

结果

结果部分就是告诉读者你有哪些发现,包括数据和统计分析。一般说来,如果你没有经过统计分析来支持你的结论的话,是不允许随便下结论的。结果部分就是以合乎逻辑的方式描述你的故事。研究生们在描述自己结果的时候,经常是喜欢按照他们所从事的每个实验的时间顺序来进行描述。但根据回答科学问题的过程来进行描述效果会更好。我们喜欢通过问题或实验来组织方法和结果部分。对每个问题设置小标题,方法和结果以相同的顺序使用这些小标题,这样读者阅读起来很容易将相关内容联系起来。

结果一般是以文字或图表的方式来展示。一般来说,任何一个结果只能用这三种方式的一种。文字描述是默认的方式,如果通过描述你的发现可以有效地传达结果,就这么做。尽管用图表示结果时,读者通常不能看到实际的数据,但图在描述各种因子之间的关系时是特别好的一种方式。表可以很详细地描述你所获得的数据,但不能有效地呈现因子间的关系。通常,展示结果最有效的方法是用图表说明数据,然后用文字表达效果大小。例如,如果你想描述硒对鲑鱼繁殖力的影响,你可以使用柱状图表示,在硒含量低的溪流中,雌性鲑鱼的产卵量是大约 60 粒,在硒含量高的溪流中是 20 粒。然后用文字表达,“高硒浓度可以明显降低鲑鱼的产卵量。雌性鲑鱼在高硒含量的溪流中的产卵量只是低硒含量溪流中的 1/3(这里可以列出两组平均值的统计检验)。”

当你在描述结果的时候,重点要放在结果上,而不是将重点放在图表上。图和表只是帮助你对数据进行描述,例如,“成体比幼体的消耗高出 40%(表 1)”要比“表 1 显示了成体和幼体的消耗速率”这样的描述好多了。同样,在引用他人发表的工作时,关注结果而不是作者,如类似“雄性个体要大于雌性个体(Brown 2000)”的描述要比“Brown(2000) 报道了个体大小有性别差异”更好。

简单的图表要比复杂的好。图表的标题和图注要描述得很清楚*,这样读者不需要再去阅读全文,只看图表就能领会结果的含义。必须要让读者清楚你实际上测定了什么。通常你也可以通过清晰标记图的坐标轴来达到这个目的。一幅图中展示的实验处理数越少,就越容易理解。除非必须将信息合并才能表达有意义的信息,否则尽量不要将不同内涵的图进行合并。关于实验处理,可以在图例而不是图注中进行详细描述。字母、数字和线条在缩小出版后必须清晰易读,这意味着你通常必须使它们比软件程序中的默认值更大更粗。

---

* 就是所谓的图表自明。——译者注

结果描述中,最常用的图是柱状图(条形图)和散点图。当你用柱状图时,如果柱子不是很多的话,读者就很容易抓住主要的信息。在多数情况下,标准误都应该在柱子上标记出来。这一点很重要,这等于告诉读者一些信号周围存在的噪声。在多数情况下是用标准误来表达你所测定的平均值的准确程度。标准差常用来表示变化程度本身的情况。有时候会遇到标准误会令图过于密集,而使得图不是很容易识别。只有在这种情况下,你可以考虑省略标准误的标记。散点图也是生态学工作者经常使用的一种方式。当模型比较显著时,可以添加描述散点图的最佳拟合模型的趋势线。

我们发现,尽管表示生态假设的示意图、卡通图和其他图形很少被使用,但它们通常是带有信息的,且常用于前言或讨论,而不是结果。描述假设的因果关系可以用简单的路径示意图,提供可视化生态模型表示可以用更复杂的图形。对许多读者来说,数字描述往往比语言或数学表述更容易掌握概念。

表格一般是在只有当表中的数据有重复的必要时才采用的。对多数论据来说,数据少比多更有效。在设计表格的时候,只描述那些相关的变量,不要将表格(或结果的任何部分)作为你野外数据记录的杂货铺。表格的一个经常有用的地方是总结统计结果,如在方差分析时,平方和、F 值、自由度和 P-值等,都提供了独自的信息。如果在描述结果时,这些信息不是非常必要的话,只将 F 值、自由度和 P-值在括号内表示出来就可以了。

为了与具有生物学背景的读者进行更有效的交流,我们有两个建议:首先,结果描述要用生物学语言,不要用统计学语言。这样可以强调生物学意义,而不是统计检验的结果。如“雄性比雌性的体型大两倍($t=x,df=y,p=0.0z$)”的论述就很清楚,要避免描述成“t-检验表明,在自由度为 y 的情况下,个体大小在 $0.0z$ 水平上的性别差异显著”。其次,要给出效应大小(effect size),而不是只给出统计显著性水平。“雄性体型是雌性的两倍”显然比“雄性体型明显大”的描述好多了。效应大小可以告诉我们关于结果的生物相关性方面的信息(见第 4 章框 4),而统计显著性只是告诉我们获得的结果在多大程度上是由于偶然因素导致的。

正像我们在方法部分所提到的那样,一般人都试图将做过的所有实验和获得的所有结果都包括进来,但是我们建议你千万不要这么做。只包括你的故事中需要的那些信息和在逻辑上有关联的那些结果。应该删除掉那些与故事不相关的变量和效应,否则读者将会抓不住你的主要论点。许多作者都会犯这样的错误,总是想把所有的结果都展示出来,而不去思考哪些信息是讲述漂亮的单个故事所需要的。如果你觉得有必要把数据放在文档中,那就把它们放在附录中或在线补充,而不是过度填充你的结果。

讨论

你应该在讨论中解释你的结果说明了什么。首先,你需要重申一下你获得的那些最重要的结果,然后去解释这些结果。如,你的这些发现有何意义?你的结果是否回答了前言中提出的问题?其他的研究对你的问题的解释会提供哪些证据?然后,由于它们与你的故事密切相关,所以加入你研究的其他结果,来对其加以阐述。经常的结局是,实验结果将会引导出进一步的科学假说。你可能会从你的研究和其他的研究中归纳出一些普遍性的内容,从你的工作中能否获得一些有用的模型或范式?这些都需要在讨论中进行描述。

相信你的结果并以这种方式来进行解释。如果你的实验没有发现你所期望的那种结果,不要试着去为这些数据进行辩解,而需要设想一下如果加大样本量的话,结果会怎样?或者如果你控制其他因子的话,会有什么结果?或者如果你在其他地区去进行这个实验,会有什么样的结果?如果你自己都不相信你的结果的话,那趁早不要浪费我们的时间来告诉我们这些没用的信息。如果你的实验结果支持你的假说,但由于你感觉没有信心和怀疑一切的话,那你需要找心理医生聊聊了,但是你可千万不要将这些情绪带到你的报告中来。还要记住,多数科学发现都是令人意想不到的。如果你早就知道了答案,那么这个问题一定是很没趣的。

通过你的论文你应该讲一个前后一致的故事。不要离开你的中心论点。相反,你的论文应该展示一个从开始到结束,都是一个逻辑严密合乎情理的论证。

结论

论文的最后一般应该有个结论(尽管在许多论文中经常被省略)。结论就像摘要一样,是对你的结果及其意义的简要总结。

在文章的最后,用一两句话阐述你的发现的重要性及其影响。给我们留下一些关键信息,这种信息不要太多。许多文章只给出单一真正的见识。确保不会漏掉这一点,而是做到对于那些只阅读结论的读者来说,它也是显而易见的。

再重复强调一遍下面的话是有必要的:要明确说明你已经回答了开始提出的科学问题。不要写一些无关紧要的像“这是一个好系统”,或者“还有许多工作需要做”之类的话。在每项研究之后当然会有许多的工作需要做。相反,要留给读者你理解了什么。如果我们从你的结果需要记住点什么的话,那应该记住些什么呢?

框6列出了我们建议的关于撰写期刊论文时需要检查的项目清单。

框6　期刊论文核查单

题目

□ 题目概括了主要结果吗?

摘要

□ 摘要非常简洁地叙述了你的故事吗?

前言

□ 前言开头是否已经为你要回答的问题设好了序幕?你的描述是否已经“勾住”了读者呢?

□ 你是否已经对你的科学问题进行了解释和阐述,而不是夸耀你的研究对象如何好?

□ 你是否已经简要概括了与你要研究的问题相关的那些前人的工作?(要简要,这里不需要详细的文献综述。)

□ 在前言的最后你是否已经很清楚地说明了你要回答的科学问题?

方法

□ 你是否已经简要地解释了你的研究对象(或研究系统)的相关自然史特征?(有些信息也可以在前言中论述。)

☐ 你是否已经详细说明了你的实验方法，让其他的研究者可以来重复你的实验？由于刊物的版面有限，方法描述要简洁。

☐ 你是否在叙述每个方法的时候，在开头都已经说明了为什么要这么做？

☐ 你是否简要说明了你所使用的各种统计分析方法？

☐ 你所使用的方法都与你的研究相关吗？

结果

☐ 你的结果展示是否符合读者理解的逻辑性（不一定要与你做实验的顺序相同）？

☐ 你的结果是否有重复展示（以图、表或文字表示）？

☐ 你的文字是否充分解释说明了你的结果，而不是只是简单地告诉读者去看哪个图表？

☐ 你的结果描述是否是用生物学含义而不是统计学术语来描述的？

☐ 你是否展示了每个结果的效应大小？

☐ 你所展示的结果都是你的故事所需要的吗？

讨论

☐ 你是否简要重申了你的主要结果并对其进行了解释？

☐ 你是否将你的结果上升到了一个更大的生态学概念？

☐ 讨论中的信息是否与你开始提出的问题相关？你的故事看起来严密吗？

结论

☐ 你是否用核心信息最后一次打动读者？

图和表格

☐ 图表是否已经尽量简洁？

☐ 表题、图题和图例是否全面？图表是否自明，即读者不需要看文章是否就能明白其含义？

☐ 你在图中标出了标准误吗？

☐ 你的散点图是否有一条最佳拟合线（趋势线）？

□ 图中是否有图例说明实验处理?

□ 你对图的编辑是否符合出版的要求?

□ 你的图表数量是否已经降到最低,但却足够清楚说明你的故事?

作为第二语言的英语

□ 如果英语不是你的母语,你是否已经找了英语熟练的人审阅你的文稿?

从情感上来讲,发表的过程可能是残酷的,需要厚脸皮。所有生态学家的稿子都会被拒稿。成功发表论文最多的生态学家也经历了最多的拒稿次数(Cassey 和 Blackburn,2004)。即使是知名教授也会有22%被拒稿的可能。通过对多份生态学期刊进行仔细的统计分析,被拒稿和重新提交的论文最终被引用的次数要比未重新提交的论文多(Calcagno 等,2012)。没有重新提交就发表的论文可能没有任何突破性的想法或数据,并且被毫不怀疑地同化了。

虽然很痛苦,但是评审过程确实能让你的论文更好。来自期刊的评审表明了两到三个读者对你的论文的看法。如果他们漏掉了重要的点,其他读者很可能会漏掉同样的点。认真对待审稿人的意见;他们几乎总能提出有用的意见来改进稿子。当一篇论文被拒时,把它放在一边一到两天,然后再做出修改,尽可能解决审稿人所关心的问题。如果你有机会重新提交稿件,对编辑和审稿人在你的附信和正文中提出的每一点都要处理。对于外行来说,编辑的回复通常听起来比他们的本意要负面得多。很少有稿子在第一次提交时就被接受。如果你能解决审稿人关注的问题,那么你提交的论文"被拒并有机会重新提交"就是新的"被接受"。作为一名研究生,你可以通过自己正式或非正式的参与来了解评审过程。如果你的教授是责任编委(handling editor),你可以主动为其他研究生、你的导师或期刊评审论文。

口头报告

听报告跟读期刊文章的感觉是完全不同的。作为一个演讲者,应该明白这些区别并去发挥这种优势。与人互动远比阅读更有吸引力。试想比较一下,如果一本书你还没有读完而要放下它与你去看一场演出或电影而要中途退场,差别在哪里?

组织和演讲

你让观众参与的越多,你在吸引观众的注意力和让他们记住你所演讲的内容方面越成功。因此,你肯定不想去朗读你的演讲,听朗读比听演讲要困难得多。一种对话的口吻要比演讲的口吻更易接受。如果可能的话,你应该在演讲的时候不用任何讲稿,但这与不要去读报告的内容比起来当然要次要一些。如果你担心做报告的时候会忘记报告的内容,利用提纲或者幻灯片来引导是个好办法。如果有一些特殊的基本概念或要点容易忘记的话,可以将此链接到一张专门的片子上,当你看到那张片子的时候(经常是一张图片),记住你要利用此线索去讲你的故事的一个特定片段。

如果你演讲所用的语言不是你的母语,那么做演讲会更让人畏惧。如果绝对必要的话,朗读你的演讲稿,但要不断练习,使其听起来尽可能像对话一样,以吸引观众的注意力。练习关键术语的发音,直到你尽可能清楚地表达出来。把这些关键词放进你的幻灯片里也很有帮助,可以帮助人们抓住重点。你可能会忍不住轻声或快速地讲话,但要克制住这种冲动。如果你大声说话,发音清晰,你的听众会更喜欢你的演讲。

当你进行演讲时,要看着听众,眼神交流将有助于你与听众互动。报告者经常犯的一个错误就是对着幻灯片讲,要面对你的听众讲。如果你必须看幻灯片,请瞟你的电脑,而不是背对听众。尽量将房间调亮,这样你可以看清听众的脸,他们也可以看清你的脸。生物学实验表明,黑暗的屋子和黑背景的幻灯片容易使听众进入梦乡。所以尽量不要关灯,不要使用黑背景。环境光亮些要比幻灯片上的照片在银幕上显示得很好更重要。你喜欢哪一个?你是希望听众看到那些确实很漂亮的照片但却看到一部分人已经打瞌睡,还是希望牺牲一些漂亮照片的展示效果而让听众保持清醒的状态呢?

演讲时,要与你的听众保持近距离接触。这样可以使你与他们的交流更有效。如果演讲台太远,你可以将其移动得近一些,或干脆不用。从演讲台后走出来,直接对着听众演讲。要在演讲的空间内适当走动。只是一个简单动作,如从演讲台的一侧走到另一侧,就可以很有效地使听众保持清醒和注意力,这种效果的确很令人惊讶。对着离你站的地方最远的角落里的听众讲话——这将帮助你记住将你的注意力投射到整个房间,而不仅仅是前几排。

要根据你的听众情况来精心准备你的演讲,要使你的报告信息清晰。所演讲的内容要考虑到听众的知识背景。要设想你的听众的兴趣是什么,准备报告的时候脑海里要牢记这一点。报告时要避免使用你的听众不熟悉的那些行话(如缩略语、专业术语、度量单位和测定技术等)。一旦听众走神或跟不上你的演讲的话,要想再把他们的注意力拉回来是很困难的。你不能期望人们能够理解他们以前从没有接触过的那些公式或复杂的理论。当读者在文章中遇到新的或者复杂的内容时,他们可以放慢速度、逐渐消化理解,还可以反复阅读,直到理解它。这种情况在演讲中几乎不可能发生,因此不要因为报告中有这些内容而使听众走神。报告中包含一个关于工作的理论框架或者发展一个新的理论解释是很好的,但是在报告的时候要尽量使用语言而避免使用公式,尤其注意的是你自己必须要熟悉,相关材料要易懂。如果你的报告主要是理论性质的,你可能没有别的选择,只能包括尽量少的公式,有时候一两个就可以了。对于每个公式都要花费一些时间,用语言或者尽可能用一些简单的图,来解释清楚那些术语对于一个生物学家来说是什么含义。在公式中圈出相关的项,然后用简单的语言解释其含意可能会有帮助。

结构

好的演讲和好的论文一样需要认真设计和计划。不要以为你可以即兴发挥。组织你的演讲时,围绕你的核心信息来构建它。弄清楚你的精彩之处是什么,从一开始就准备好,告诉观众你的精彩之处,传达它,然后在结尾提醒观众你的精彩之处。可能是亚里士多德、戴尔·卡耐基或温斯顿·丘吉尔,对这个策略进行了精巧的总结:“告诉他们你要告诉他们什么,进行讲述,然后告诉他们你刚刚讲述的。”那些听你演讲的人应该能够领会你传达的核心信息,即使他们在某个时候走神了,或者他们是在演讲开始后才走进房间的。

一篇论文需要对现有的文献、你的详细方法、统计分析等进行详细的记录。这些通常听起来很无聊,应该在演讲中尽量减少(你应该做好准备,以防最后有人提问)。你的演讲必须有一个连贯的故事。不要试图把所有松散的结果都囊括进去——只囊括你认为最好的一个故事。对论文来说是这样,但对演讲来说更是如此。强调概念而不是细节。不要切换话题或者在你的演讲中讲两个故事;你的观众不会从这样的混杂信息中得到太多。如果你觉得你没有足够的材料来讲一个连贯的故事,那么就花些时间来思考如何组织它,使它看起来像一个单一的故事,然后花更多的时间来连贯各个部分之间的过渡。一种方法是在介绍中提出一个问题(或一系列相互关联的问题),在结尾处用一句妙语话把故事的所有部分整合起来。

我们喜欢用一些标记来告诉听众整个报告的结构和每个部分是如何组成整个故事的。当你阅读一篇论文的时候,你一般是利用小标题和段落首行缩进来知晓哪个地方是转换。听众听报告的时候需要有相似的标记。Rick 经常喜欢用一张幻灯片告诉听众他的报告提纲,或者如果可能的话他会将报告提纲写在黑板上。然后,他在报告的过程中会在不同的时间段内利用这个提纲(记住即使是在光线昏暗黑板不容易看清楚的时候),这可以帮助听众知道他的报告讲到什么地方了。Mikaela 则喜欢用更高科技的方法,她在报告开始时展示报告的提纲,然后在报告的不同进程中重复展示这个提纲,并用不同的颜色来突出正在演讲的那部分内容。

让问题来决定你的报告提纲。不要利用像论文中那种传统的方法、结果和讨论这样的结构,应该代之以当你涉及每个问题或不同的部分时,将这三个部分进行整合划一。对于每个实验,用一句话说明将要解决的问题是什么,用一两句话描述你使用的方法,然后再描述结果。结果的含义是什么?如果结果引申出进一步的问题,现在就解释为什么。然后在下一个实验中重复这个过程。要保证听众跟上你报告的逻辑思路。

方法

在报告中,研究方法描述要力求精简,只包含那些对你讲述故事所必需的。报告不应该试图给听众提供重复你实验的能力,但很多演讲者犯的错误就是包含了很多不必要的或无趣的有关方法方面的细节。如果你需要在演讲中涵盖方法，尽量用图片而不是文字来说明。在学术报告中，方法要非常简略并与结果有效地整合。

结果

当展示结果的时候，要以简单化为目标。简单化对学术论文很重要，但对于一个报告却是至关重要的。用图展示要比用文字和用表格好得多，要记住演讲时要解释清楚每个图的坐标轴的含义。听众并不熟悉每个坐标轴所代表的变量，你应该在展示数据前进行相关的说明。图要简单明了，三维图和花里胡哨的标记，对于报告没有任何帮助。不要展示那些听众看不清楚的表格，在报告中用表格比在论文中的效果要差多了。如果可能的话，要尽量少用。在报告中如果要用表格，必须简单明了，使用大号的容易阅读的字体。

类似地，每张幻灯片也要只表达一个简单的含义。不要将很多的内容堆放在一张片子上。同样，不要在幻灯片中包含那些你只是朗读的文字。幻灯片要做到尽量精简，几个字或短语就可以了，不要用整个句子。在一张片子上不要超过 10 或 15 个单词（英文），英文字体的字号不要小于 24 磅。

要让你的幻灯片引导你的故事进展，但不要将精力过于集中在幻灯片上。要尝试假如没有幻灯片时，你将如何进行你的报告（以防出现技术故障时，没有幻灯片你也可以进行你的报告）。幻灯片应该是你要讲述的故事的背景。不要将你的报告设计成在你的演讲中会经常出现类似“这张幻灯片说的是这个，下一张幻灯片展示的是那个”等的叙述。一个成功的报告是要用幻灯片来说明你的故事，而不是幻灯片成为故事的全部。读幻灯片的内容，要比用演讲时自然组织的语言表达出来的效果可是差多了。重心要放在和你的观众互动上，而不是只看你的幻灯片。如果你必须使用指示器，一个实物指示器、你的胳膊或者是米尺都比激光笔要好。如果出于某种未知的原因，你不得不使用激光笔，不要左右摆动，不要反复地围绕物体画圈，也不要让它在屏幕上烦人地徘徊。

准备你的演讲

你还需要花费一些时间去准备前言和结论的内容。有些听众可能就只听这些部分内容。每个人在报告开始时精力都是最集中的,因此要告诉听众你将提出一个什么样的科学问题,你发现了什么。即使有时候听众会走掉一些,但他们将会听到你的那些重要的话语。同样,如果他们不能跟上你的整个演讲,在结论部分,也会大体上记住关于报告的那些重要内容。加利福尼亚大学戴维斯分校的几位知名科学家经常给学生留下深刻的印象,他们听报告过程中明显在打盹,但似乎总是在报告结束后会提一些很好的问题。当这种情况发生时,很多功劳应该归功于报告人在灯熄灭前强调了重点,随之又在灯亮后强调了重点。

在真正演讲之前先练习一下。你练习得越多(尤其是面对真正的听众),你的报告就会越精彩。如果没有真正的听众的话,大声讲出来也要比默默思考好得多。Mikaela 曾认为在她的室友面前大声练习演讲会很尴尬,后来她知道了,做了一个糟糕的报告会使她更尴尬。无论是在练习还是实际演讲时进行录音,过后进行分析会帮助你提高演讲水平,也会有利于对自己报告的了解。Rick 在准备一个重要的报告或者自己没有足够的时间练习的时候,他会在练习时录音,然后在做其他事情的时候听几遍录音(或者至少是放着录音)。这种方法很有效。如果你真的很勇敢,把你的演讲录下来,仔细研究看看哪些方面需要改进。

编辑你的演讲并做好准备

一个报告的内容不要太多,幻灯片的数量要合适。有一个简单的经验,演讲时一张幻灯片需要的时间大约是一分钟。很多演讲者喜欢准备很多的幻灯片,在报告最后往往因时间不足而仓促结束,或者因超时而让听众很烦。所以要避免这些,在练习的时候要严格计时。

还有,当我们讲完一个重点时往往会喜欢停顿一下,这会起到强调的作用,也会给听众一个空档去消化刚听到的那些重要内容。在你初次做口头报告的时候,由于你的紧张情绪,一般正式报告时的语速会比你练习时的语速快一些。在这种状态下,你可以在设定的停顿时间内适当这样调整一下,会有利于你把握整个报告的进程。停下来做个深呼吸,缓慢的呼吸有助于你集中注意力,也让听众有时间消化你刚讲过的内容。

展示时间

即使报告人有点紧张,也要比报告时缺乏激情好多了。但是,如果过度紧张也会给听众造成理解上的困难。你需要将紧张的能量转换成一个夸大的手势,而不是快速地颤抖。还要记住,你演讲的次数越多,你就感觉越容易。许多刚开始演讲的人经常犯的错误就是过于自卑和不自信。用激情取而代之,你将变得富有感染力。

尽管报告结束后的提问阶段,会让有些报告人有些担心,但这确实是学术报告最有看点的部分之一。我们喜欢在报告最后留出足够的时间让听众提问(一个小时的报告可以有 10~15 分钟的提问,12~15 分钟的报告可以有 2~5 分钟的提问)。当听到他人对我们结果的评价和质疑时,我们会很兴奋,因为在问题提问和回答过程中往往会有一些新的激动人心的好想法产生。我们有时会让朋友在提问时做笔记,这样我们就不必记住所有的建议。如果会议室很大或者提问者的声音不是很洪亮的话,在回答问题前你最好对听众重复一下刚才的问题。在回答问题前,要确保你已经明白了听众所提的问题。转述问题并询问提问者你的理解是否正确,也是很好的一种方式。如果你不知道答案,直接回答不知道也是很好的。你也可以说,问题很好,但我需要认真思考一下,将来会设计一个实验去进行验证。你也可以请教提问者是否有好的建议和想法去进行这些验证。当人们质疑你的演讲时,一定努力做到不要试图去争辩,尤其是当你正做的演讲是你的口试时。一些没有通过口试的学生,一般不是由于他的准备不足,更多的情况是因为他跟委员会争辩。也有时候你可能会遇到不依不饶的提问者,比较有攻击性。应付这类人的一个办法是,对提问者说你想继续后面的内容,但是当报告结束后,你很愿意跟他进行进一步的交流。顺便说一下,记住当你在听众席时,不要做这种人。

框 7 列出了我们关于口头报告建议的一个小结和核查单。

框 7 口头报告核查单

提示:请参阅框 6“期刊论文核查单”中的相关内容,记住生态学中那些好的交流习惯。

总体结构和展示

☐ 你是否能保证在报告时不念报告的内容(你可以借用幻灯片或提纲来提醒)?

☐ 你是否训练过与听众进行眼神交流(以此替代只看你的幻灯片)?是否做到在报告厅内尽量来回走动以提醒听众不走神?

☐ 你是否认真核查了报告中使用了你自己可能没有意识到的专业术语?

☐ 如果你的报告中有公式,你是否已经思考好了如何让听众容易理解和接受?

☐ 你是否已经确定了如何以吸引听众的一个连贯的故事来展示你的信息?

☐ 你的报告中是否已经包含了提示标记,以提醒听众跟随你所创造的演讲结构?

☐ 你是否在展示的每张幻灯片中均使用了大字号(英文 24 磅或更大),并只包含很少的单词(最多 10 或 15 个单词)?

前言

☐ 你是否围绕文章的重要问题(信息)来组织前言?

☐ 你是否已经删除了那些在论文中引用的文献和其他细节?

☐ 在前言的最后,你是否有一张幻灯片提纲清楚地说明了你要解决的科学问题?

方法、结果和讨论

☐ 你是否将方法、结果和讨论以某种方式整合在一起而使演讲更易理解(可能会为每个问题做一系列单独的方法、结果、讨论)?

☐ 你是否将研究方法做了最大限度的精简?

☐ 你是否解释了第一个实验的结果是如何引出进一步的问题,进而进行第二个实验的?如果这样可以使听众随着故事的发展理解各部分之间的关系。

结论

☐ 你是否给听众有一句包含重要信息的话(带回家的信息)?

图和表

☐ 你是否用照片和图而不是只通过描述来表达你的结果?

□ 你是否已经将报告中听众不易掌握信息的那些表格减少到了最少或做了删除？

□ 当你在展示图的时候，你是否给听众解释清楚了坐标轴的含义？

□ 你是否将图做到了简单化，一个图一个含义？

准备报告

□ 你是否已经练习过自己的报告内容（尤其是前言和结论部分），直至对相关信息完全熟悉？

□ 你是否将幻灯片设计成了每分钟讲述一张的进度？

□ 你是否在练习时计时，确保自己的报告不会超时？

□ 你是否在一旦遇到技术问题而无法使用幻灯片的情况下，也有准备能正常进行报告？

墙报

在一些学术会议上，墙报已经成为最常见的媒介。墙报在结构上应该更像演讲，而与论文不同。但是，许多墙报就是由于太像论文而大失光彩。我们需要清楚的是，参会的人员一般都很劳累。想想看，你自己在浏览墙报的时候，是否很愿意读大量的小字？当然不会，我们永远不会喜欢。相反，我们非常需要重要的简单明了的信息。就像《今日美国》是针对新闻业一样，墙报是用于科学交流的。所以，你应该只展示大标题，并附以最简单的解释。你的墙报应该对"可以带回家的信息"做简短总结，并且如果你碰巧在场的话，应鼓励对墙报的内容交流讨论。应该让每个从你的墙报前走过的人都能很快就明白你的科学问题和答案。那些对你的研究感兴趣的同行也会问你一些具体的细节，当然当你的论文发表的时候他们也会去阅读。

许多人只会看到墙报的标题，应该用一个短语总结你的结果。就像论文或演讲的标题一样，它应该给出主要信息，而不是一串字符或问题。例如，"学生抗议者和校园当局之间的互动"的效果不如“校长为向和平抗议的学生喷洒胡椒进行辩护”。因为大多数会议都有很多墙报,你需要引起关注。你的墙报的标题和排版必须引人注目。墙报类似于电梯演讲,你有十秒钟左右的时间来推销你的工作或说服别人你所做的工作是有价值的(Erren 和 Bourne,2007)。

结构

你在墙报的前言中只需要用几句话来说明研究背景或解释科学问题的重要性。然后以图(包括照片)的方式来展示研究结果。要注意每个结果之间要有逻辑性,一定不要试图展示太多的内容,简明清晰可以让浏览的人在短时间内就能了解墙报的内容。你完全不要过多地去顾及方法,方法只要能足以说明结果的意义就可以了。实验设计的细节、样本大小等信息都不要展示在墙报中。在每个结果之后,要有一个“讨论”的句子,使得每个结果更一般化或使其与你提出的科学问题紧密相关。在墙报的最后,你还应该有一两个句子来明确说明你是否回答了开始提出的科学问题。同样,再用一两个句子(不要再多了)解释你的结果的重要意义,说明这些结果如何与你的问题相符。这可以归为你的结论。通常结论部分是你的墙报中除标题和摘要外最“吸引眼球”的地方。

在你完成了墙报的精练内容之后,花点时间想想如何展示它,这样疲惫的与会者才会被吸引。同样,图片可以说明你的观点,帮助你减少文字的使用。使用大字体或彩色字体可以吸引人们注意到你的组织结构和重点。根据经验,无衬线字体更适合标题和主题,衬线字体更适合完整的句子;在一张墙报中混合使用两种字体是很好的。保持适度留白可以帮助观众集中注意力。字体大小和颜色的变化可以帮助浏览者掌握你的组织结构。最后,在打印之前听取反馈意见。

展示墙报的一个好处就是你可以走近对你的研究感兴趣的人。这比希望他们阅读要更加有效。除此之外,他们如果有不明白的问题可以直接问你,或者会向你建议另外的实验或方向。因此,好好利用墙报宣传你的研究,尽可能与观看者进行交流。事先练习解释你的墙报内容,这样当有人停下来询问时,你能够准备好回答。

在你的墙报上加上你和合作者的照片通常会很有帮助,这样感兴趣的人就可以在会议期间找到你。你的地址和电子邮件等联系信息也应该包括在内。有些演讲者喜欢散发印在8.5英寸×11英寸或A4纸的墙报,或者相关期刊文章的复印件。

我们所描述的墙报上所包含的文字不及绝大多数生态学会议上墙报文字的1/10。它只用“大标题”,只讲述一个简单的故事。没有或少引参考文献,没有方法的细节。它用图和照片但很少用表格。不包含细节和统计分析。简单明了的墙报在传递信息方面要比几乎是将整个论文的内容贴上去的效果要好得多。

框8列出了小结和我们建议的墙报核查单。

框8 墙报核查单

提示:也请参阅框6“期刊论文核查单”中建议的关于生态学中那些好的交流习惯。由于你的墙报将主要依赖于图片和图而不是文字,所以你应该更关注框6的“图和表格”部分。

题目

☐ 题目是否概括了主要研究结果?

前言

☐ 是否已经将对科学问题的介绍缩减到了一两个句子?

☐ 是否已经清晰地说明了你要回答的科学问题?

方法

☐ 方法部分是否已经做到了非常简洁?

结果与讨论

☐ 你的结果是否主要是以图的形式(柱状图、散点图等)展示的?你是否在合适的地方用照片展示了处理间的差异?

☐ 你是否简要解释了每个结果的意义?

☐ 你对每个结果的展示是否都是围绕整个故事?

结论

☐ 你是否用一两句话简要回答了开始所提出的科学问题?

总体原则

□ 你的墙报是否只是包含了醒目的标题？

□ 你的墙报是否在字体大小、字体样式和颜色上有所变化，以帮助浏览者了解你的结构？

基金和研究项目书：出售你的研究理念

基金和研究项目书的目的就是出售关于你想做的工作计划。当你完成研究项目书中的目标时你希望委员会能同意授予你学位，你也希望人们对你的基金项目书感兴趣而愿意提供经费资助。除此之外，你的项目书还有两个不太明显的功能：可以促使你形成一个研究计划，可以促使人们更加认真思考你的想法并给你更好的反馈意见。基金和研究项目书与学术报告或研究论文相比，包含了更多推销技巧。因此，适当关注某些方法是应该的。当你准备一份项目书的时候，重点要集中在三个方面：① 新颖性与合理性，② 明确性，③ 可行性。

你的项目书要概括你想要做的工作内容。首先，研究内容必须让人感到耳目一新。你必须论证你的工作将如何推进你所在的学科领域的发展或将如何推动人们利用这些科学知识去解决实际问题等。很显然，不是每个项目书都能改变所有科学家的思考方式，但是那些同领域的人将会受到你的工作的影响。如果你不清楚你的研究将会产生什么样的影响，那你应该多花费一些精力去思考如何论证你的工作的重要性。要在整个项目书中加强你的论证。如果在论证你的项目书时你感到十分模糊，那么试着回答类似下面的一些问题，如：你的工作意义体现在哪些研究内容上？这项工作的价值在哪里？如果一切都进行得很顺利的话，其他人如何利用你的结果？无论是圈内的还是圈外的其他人将如何看待你工作的贡献？在写项目书时，学生们经常犯的最大的错误就是论证不足。

其次，你的项目书必须简洁明了，甚至比科学论文还要简明。

评审专家经常是在同一时间里需要审阅很多份项目书,要知道评审人自己也有比审阅项目书更好的事情要做。与审阅科研论文不同的是,这些项目书中的研究对象和知识背景,评阅人不一定都感兴趣或了解很多。从评阅人看你的项目书的第一眼,你只有几秒钟的时间来说服他(她)能关注并继续阅读。然后,你也只有几分钟的时间去说服评阅人对你的项目书认可并同意给予资助。那些堆积如山的项目书中一般只有10%能获得资助。如果你的项目书表述不够清晰简洁,评阅人可能不会去花费时间找出你在项目书中极力想表达的相关内容。项目书必须要让认真阅读和匆匆瞥一眼的评阅人都能信服。一位很有名的曾在美国国家科学基金会(NSF)多个委员会服务的同事将这种状态称为"两杯酒"问题。他经常是在晚饭饮两杯酒之后去审阅那些项目书。成功的项目书必须非常清晰,使这些两杯酒后的评阅人仍能受到感染,同意对你的项目给予资助。

最后,你必须让评阅人相信你的项目书的可行性。除非你让评阅人相信你能够完成你计划的工作内容并能回答你提出的那些有趣的科学问题,否则没有人会同意给你资助或为你的学位买单。由于你的项目书必须看起来既可行又新颖,这个过程中有一个固有的矛盾。你必须同时让人们相信你的想法是重要的、具有开创性的,你提出的实验计划也是能够实现的。让人信服的最好的办法就是你可以用已使用过的技术手段来完成这些实验(包括引用文献中前人的工作)。当然如果能够说明这些技术对你或你实验室的人来说是常规方法,那就更好了。展示你的工作可行性的最漂亮的方式就是展示你的初步研究数据。一个研究项目书经常需要包含第一年的野外工作,野外工作是围绕着所关注的那些主要的科学问题开展的。这种过于重视初步结果的方式,经常意味着研究人员已经完成了所提出的项目工作的大部分内容,他们利用获得的经费产生下一步的初步研究数据。

如何组织你的项目书

组织项目书与组织报告和学术论文稍有不同,一般很少有固定的格式。不同的大学和基金会往往会要求不同的内容,了解这些要求并认真填写是很重要的。下面我们将根据基金会的一般要求和学生们的实际情况，论述项目书的形式和内容。许多项目书一般都包括：① 项目的摘要或简介；② 前言；③ 详细目标；④ 针对每个目标进行的实验、论证和解释，⑤ 经费预算。还有一些其他栏目，包括专门对实验意义的讨论、与实验和你的解决方案相关的那些潜在不足、每个实验完成的时间表和预算说明等，这些信息也是很有用的。你可以参阅 Friedland 和 Folt(2009)的著作，以获得关于准备项目书的更详细的建议。

摘要或项目简介在许多方面与科学论文是相似的。尽管这个部分往往是最后才写，但却是首先出现。它必须清楚明了地准确描述项目书的创新性和严密性。需要描述你将要关注的科学问题。然后，主要是你的工作的论证和科学意义的说明。描述你将希望得到什么结果，并解释为什么你的发现会对你的领域有影响。项目简介一般比论文摘要展示更少的结果，但会包含关于研究途径的几个句子。

项目书的前言必须要让评阅人对你的研究感兴趣，论证为什么你的研究是重要的。要做到这一点，有些难度。即使给研究生讲了这些建议，我们发现他们的项目书往往需要更多的论证。你的工作与生态学中重要的科学问题有什么关系？我们为什么要关注这些问题？要按照你所阐述的问题而不是研究对象来组织你的工作。这个建议即使是在选择项目的初衷是因为对研究对象感兴趣时也要牢记。实际上在选择研究项目时，往往会过于关注自己感兴趣的实验对象而忽视科学问题，因此需要特别牢记这个建议。项目书中不要写“这个问题是变革性的”之类的话，要代之以解释为什么这个问题是变革性的。例如，如果你要研究壶菌的种群动态，你可以说“壶菌感染威胁着全世界的两栖动物。为了更好地保护两栖动物，我们必须了解影响真菌传播和种群动态的因子”，等等。

最好开始就提出一个一般性的问题，然后去描述你的科学研究是如何用一个具体的研究对象来阐述这个具有普遍性的问题的。从一般化开始，然后具体化。这里你还可以说明你的研究对象的自然史，但只需要那些有利于说明如何回答科学问题的相关信息。

下一步是说明你的研究目的。研究目的有长期的和短期的，长期的目的是指即使你回答了项目提出的科学问题也不能完成的，短期的目的是指你的项目书中实验的实际目标。对研究目的的描述要清晰，最好采用编号的方式。每一个目的，可以包括一个可验证的科学假说和合理的实验步骤。van Kammen（1987）以克里斯托弗·哥伦布（Christopher Columbus）为例，区分了目的、论证和假说。如果哥伦布向伊莎贝拉女王和斐迪南国王提交项目书，他的**目的**是建立一条通往印度的新的贸易路线，并会带回装满三艘船的香料。他**论证**西行的水路要比现在的路线更快、更省钱，并且这样的路线将会增加他们的财富和国际权力。通过完成这些目的，他将验证一个科学**假说**：地球是圆的。他还需要向伊莎贝拉女王和斐迪南国王进一步论证他的项目书的可行性，使他们相信实现这些目标是可行的，要完成这些工作，他哥伦布有必需的专门知识和经验，自然他就是最佳人选。

每个目的都应该用专门的实验来说明。将这些实验严格照你的研究目的那样进行编号也是很有用的。每个实验都应该有理论依据和实验设计。描述你将如何进行这些实验（包括样本量），通过展示初步的结果或引用类似的方法来说明你能完成每个程序。最后，描述你将如何去分析实验数据。

还需要说明你的结果是如何解释的："如果实验 1 给出了这个结果，我将得出下列结论。"对结果的解释可以包括也可以不包括在项目书的栏目中。但要记住，尽管生态学假说都必须是可检验的，但并不一定是可证伪的或互斥的。在这一点上，如果对你工作的重要性没有很好的讨论和强调的话，你可能还想包含另一部分内容或以"意义"为标题的段落，来说明项目的"意义"。

我们经常希望把潜在风险列为一小部分。这部分内容主要介绍风险补救。你可以假定评阅人将会质询一些问题，并在这里进行相关说明。要努力说明你将如何把明显的厄运转变为一种学科领域将会学到很多的局面。在这里你需要描述如果实验获得与你预期不同的结果时，你将如何解释。最好的项目是不管结果如何都会产生有趣结论的项目。如果你设计了一个研究项目，不管最后的结果如何，这个项目都将让你获得一些关于自然的新的和有用的观点，那你一定要在项目书中强调这个特点。

我们还喜欢在项目书中包含一个目标和实验的时间表。这有助于确认我们已经考虑过如何和何时将会完成整个项目。一个时间表也会使计划的工作看起来更具有可行性。当我们进行工作的时候,有个时间表作为参考,将是非常有用的。

如果你在申请资金,要包括一个务实的预算,使你能够完成你的项目。这是你预期支出的明细清单。解释为什么你需要每件设备、耗材、外勤助理、旅费,等等。

框 9 总结出了关于基金和研究项目书的一些建议。

关于基金申请过程,有三件事情你必须要牢记在心。① 基金项目的竞争都是很强的,经常需要尝试多次才能成功。所以,一次失利,不要灰心。② 同时,要牢记专家的评审意见。我们发现当我们得到负面的批评意见时,先将其放在一边几天的时间,会有利于自己控制情绪。不可否认,有时候评审人的意见看起来似乎是他们没有很好地理解项目书的内容,这当然很让人失望。我们要意识到,如果评阅人没有理解我们的阐述,说明我们需要对项目书进行重新写作,力争下次使那些两杯酒后昏昏欲睡的评阅人也能理解我们的逻辑性。但最可能的是,评审意见往往包含了非常有用的建议以及一些误解。如果将来你要重新提交一份项目书,一定确认处理好了你收到的评审人提出的所有问题。③ 不要让基金资助过程左右你的科学问题或研究方向。当然,我们喜欢获得资助,因为这表明我们的项目得到了评审者的肯定。除此之外,我们还要清楚,有些研究项目是需要经费支持的,但是也有许多的生态学问题并不需要很多的经费就可以阐明。同时,基金的资助过程非常保守,只有当所有的评审专家都对你的想法满意时,你才有可能获得资助。这无疑会阻碍科学创新。我们一次又一次地看到,一些研究生和资深教授有时候为了获得那很少的经费,就会去改变他们感兴趣的研究方向,去完成那些没有什么重要科学问题的项目。我们的建议是,要跟着你的直觉走。项目书是否能获得资助,取决于科学委员会的认可。我们为什么因为一个匿名的委员会的意见而放弃自己的研究方向这样对自己至关重要的事情呢?想想看,你会让评审委员会来决定你未来 3~5 年选择什么样的伴侣吗?

努力工作经常会决定你的科研成绩,而科研成绩又经常会决定你事业上的成功。所以,选取你最感兴趣的那些科学问题,不管项目是否获得资助,这样你就更有可能坚持努力工作,成功就会向你招手。

框9　基金和研究项目书核查单

提示:请参阅框6"期刊论文核查单"中的相关内容,记住生态学中那些好的交流习惯。

总体上:

□ 你的项目新颖和吸引人吗?你是否已经向读者解释清楚是为什么?

□ 你是否已经把研究项目的价值向更大范围的学术群体阐述清楚了?

□ 你的项目是否简洁清晰?即使是一个生态学外行在劳累了一天后也可以容易理解吗?

□ 你的项目是否具有可行性?你是否已经用你的方式向评审专家解释清楚了可行性问题?如果可能,你是否已经说明了将要利用的已经建立的技术并展示了初步结果?

项目简介/摘要

□ 简介中是否已经包含了项目的那些激动人心之处?

前言

□ 你是否已经花费心血对你将要进行的研究内容进行了论证?

目的

□ 你是否已经清楚说明了你的每个研究目的?

□ 对每个具体的研究目的,你是否有充分的理由?

□ 针对你的目的,你是否清楚地描述了科学假说?

□ 针对你的假说和目的,你是否设计和描述了具体的实验?

解释、意义和预算

□ 你是否描述了你会怎样分析你的发现和评估每一个假说?

□ 你是否强调了你潜在发现的重要性?

□ 你是否包含了适当的预算?

□ 如果得到批准,你真的对做这项研究很兴奋吗?

第九章 9

结语

在一些大学校园里有一种很流行的称为 Mao 的纸牌游戏。这个游戏的规则之一就是参与游戏者不能询问或解释游戏规则。新手加入时,必须通过自己的观察和试错来破解游戏规则。不按游戏规则出牌的人将受罚。从事野外生物学研究在很大程度上与玩 Mao 游戏类似。野外生物学的规则,更笼统地说学术界的规则有时候是说不清的。在本手册中,我们试图将做生态学研究的一些说不清的基本规则说清楚些。你可能希望遵循也可能不希望遵循这些规则,但是如果你选择不遵循这些规则,你一定已经明白了你将面对的一些问题。很遗憾,生命和生态学都是很复杂的,如果过于刻板遵循这些规则,也会产生长期的后果。下面我们将特别强调一些游戏的基本规则,同时也给出了如果过于依赖这些规则将会导致的一些潜在的代价。

规则 1。生态学中,操纵实验在建立相关的因果关系方面是一个非常有效和备受推崇的方法。实验可以使你的结果更具可信性。

规则 1 的代价。实验只能与你要验证的假说所引起的直觉一样完美。要确保你有时间熟悉你的研究对象,否则你的实验将不会给你提供很多信息。也就是说,要留出时间对研究对象的自然史进行观察和调查。

规则 2。用统计推断来检验明确的科学假说。

规则 2 的代价。千万不要认为生态学是可证伪假说或者是具有普遍规律的学问。提出其他可能的备选假说,然后依次对其相对重要性进行评估。

规则 3。在你的实验中,通过加大随机分配和独立重复的样本量,提高统计效力。

规则 3 的代价。重复实验是以牺牲研究的尺度为代价的,进而也是以丧失结果的真实性为代价的。

规则 4。认真计划你的观察和实验，经常评估你的结果。

规则 4 的代价。不要陷在总是想回答你最初提出的科学问题。即使你的科学问题和实验不是很完美，也要坚持继续下去。学着机会主义一点，多关注你的实验对象会给你提供哪些重要的信息。

规则 5。撰写项目书，申请基金资助。

规则 5 的代价。除非你喜欢行政管理，否则不要让撰写项目书来替代你的野外工作。基金资助过程是很保守的，因此一定要从事你特别喜欢的项目，即使没有经费资助也应这样坚持。

规则 6。对于研究人员（和研究生）来说，发表的论文就是硬通货。作为一个研究生，如果你还是跟大学时代一样，依然怀着分数和课程是最有用的通用货币的想法，那你需要意识到现在的游戏规则已经变了。

规则 6 的代价。就像成绩永远不能完全反映你从课堂上学到的一样，你获得的基金资助和发表论文的目录再长，既不能完全反映你对自然的了解，也不能完全反映你对本领域的发展所做出的贡献。

很遗憾，这些规则对短期目标的回报与你的长期目标可能是不一致的。可喜的是，当今从事这个领域研究的绝大多数人员都是由于喜欢野外工作，喜欢向大自然学习。你可以，也应该，根据自己的兴趣去选择自己的工作。随着你事业的进展，你将拥有更大的主动权。当你参与这个游戏时，要时刻关注这个大奖：你拥有自己的个人和专业优先权。这是你自己的生活！如果你享受她，你将会更加成功！

致　　谢

本手册汇集了我们的老师、榜样和同事们的建议以及我们自己的学习和科研经历。已经有许多学者告诉过我们如何去做生态学，在本手册中主要吸纳了我们从常规途径和非常规途径学习来的那些知识和经验。感谢 Anurag Agrawal, Winnie Anderson, Jim Archie, Shelley Berc, Leon Blaustein, Gideron Bradburd, Liz Constable, Will Davis, Teresa Dillinger, Hugh Dingle, Alejandro Fogel, Jeff Granett, Patrich Grof-Tisza, Jessica Gurevitch, Marcel Holyoak, Henry Horn, David Hougen-Eitzman, Apryl Huntzinger, Dan Janzen, Sharon Lawler, Rich Levine, Monte Lloyd, Greg Loeb, John Maron, Rob Page, Sanjay Pyare, Jim Quinn, Dave Reznick, Kevin Rice, Bob Ricklefs, Tom Scott, Jonathan Shurin, Andy Sih, Chris Simon, Dean Keith Simonton, Sharon Strauss, Don Strong, Jennifer Thaler, Will Wetzel, Neil Willet 和 Louie Yang 等，感谢他们对本书所做的重要贡献。我们感谢王德华将第一版翻译为中文。我们也感谢 Christer Bjorkman, Erika Iyengar 和 Neal Williams 对第一版提出的宝贵建议，这些建议大大提高了第二版的质量。我们特别感谢 Truman Young 对第一版提出的详细全面的修改建议，他的建议影响了整个第二版的写作。我们确信在这个致谢名单中还有许多朋友的名字没有提到，对此深表歉意。我们也借此机会感谢 Alison Kalett 真正实现了我们对这本书的愿景，并在这一过程中为我们提供了支持，感谢 Jodi Beder 出色的编辑工作。

参考文献

Agrawal, A. A., and P. M. Kotanen. 2003. Herbivores and the success of exotic plants: A phylogenetically controlled experiment. *Ecology Letters* 6:712–715.

Baldwin, I. T. 1988. The alkaloidal responses of wild tobacco to real and simulated herbivory. *Oecologia* 77:378–381.

Beck, M. 2001. *Finding Your Own North Star*. Three Rivers Press, New York.

Bergerud, A. T., and W. E. Mercer. 1989. Caribou introductions in eastern North America. *Wildlife Society Bulletin* 17:111–120.

Blickley, J.L., K.Deiner, K.Garbach, I.Lacher, M.H.Meek, L.M.Porensky, M.L.Wilkerson, E.M.Winford, and M.W.Schwartz. 2013. Graduate student's guide to necessary skills for nonacademic conservation careers. *Conservation Biology* 27:24—34.

Bolles, R.N. 2013. *What Color Is Your Parachute*? Ten Speed Press, New York.

Bowman, J., J. C. Ray, A. J. Magoun, D. S. Johnson, and F. N. Dawson. 2010. Roads, logging, and the large-mammal community of an eastern Canadian boreal forest. *Canadian Journal of Zoology* 88: 454–467.

Brown, J.H., and M.V.Lomolino. 1989. Independent discovery of the equilibrium theory of island biogeography. *Ecology* 70:1955–1957.

Burnham, K.P., and D.R. Anderson. 2002. *Model Selection and Multimodel Inference: A Practical Information-Theoretic Approach*. 2nd ed. Springer Verlag, New York.

Calcagno, V., E. Demoinet, K. Gollner, L. Guidi, D. Ruths, and C. de Mazancourt. 2012. Flows of research manuscripts among scientific journals reveal hidden submission patterns. *Science* 338: 1065–1069.

Cassey, P., and T. M. Blackburn. 2004. Publication and rejection among successful ecologists. *BioScience* 54:234–239.

Chandler, C.R., L.M.Wolfe, and D.E.L.Promislow. 2007. *The Chicago Guide to Landing A Job in Academic Biology*. University of Chicago Press, Chicago.

Cohen, J. 1988. *Statistical Power Analysis for the Behavioral Sciences*. 2nd ed. Lawrence Erlbaum, Hillsdale, NJ.

Colzato, L.S., A.Ozturk, and B.Hommel. 2012. Meditate to create: The impact of focused-attention and open-monitoring training on convergent and divergent thinking. *Frontiers in Psychology* 3:116.

Cottingham, K.L., J.T.Lennon, and B.L.Brown.2005.Knowing when to draw the line: Designing more informative ecological experiments.*Frontiers in Ecology and the Environment* 3:145-152.

Crouse, D.T., L.B.Crowder, and H.Caswell.1987.A stage-based population model for loggerhead sea turtles and implications for conservation.*Ecology* 68:1412-1423.

Damrosch, D.1995. *We Scholars: Changing the Culture of the University.* Harvard University Press, Cambridge, MA.

Darwin, C.1889.*The Origin of Species.*6th ed.D.Appleton, New York.

Deegan, D.H.1995.Exploring individual differences among novices reading in a specific domain: The case of law.*Reading Research Quarterly* 30:154-157.

Diamond, J.1986.Overview.Laboratory experiments, field experiments, and natural experiments.Pages 3-22 in J.Diamond and T.J.Case(eds.), *Community Ecology.* Harper & Row, New York.

Dray, S., R.Pelissier, P.Couteron, M.J.Fortin, P.Legendre, P.R.Peres-Neto, E.Bellier, R.Bivand, F. G.Blanchet, M. De Caceres, A. G. Dufour, E. Heegaard, T. Jombart, F. Munoz, J. Oksanen, J. Thioulouse, and H. H. Wagner. 2012. Community ecology in the age of multivariate multiscale spatial analysis.*Ecological Monographs* 82:257-275.

Elzinga, C.L., D.W.Salzer, J.W.Willoughby, and J.P.Gibbs.2001.*Monitoring Plant and Animal Populations.* Wiley, Hoboken, NJ.

Erren, T.C., and P.E.Bourne.2007.Ten simple rules for a good poster presentation.*PLoS Computational Biology* 3(5):e102.

Feist, G.J.1998.A meta-analysis of personality in scientific and artistic creativity.*Personality and Social Psychology Review* 2:290-309.

Felton, G.W., and H.Eichenseer.1999.Herbivore saliva and its effects on plant defense against herbivores and pathogens.Pages 19-36 in A.A.Agrawal, S.Tuzin, and E.Bent(eds.), *Induced Plant Defenses against Pathogens and Herbivores: Biochemistry, Ecology, and Agriculture.* American Phytopathological Society Press, St.Paul, MN.

Finkbeiner, E.M., B.P.Wallace, J.E.Moore, R.L.Lewison, L.B. Crowder, and A.J.Read.2011.Cumulative estimates of sea turtle bycatch and mortality in USA fisheries between 1990 and 2007.*Biological Conservation* 144:2719-2727.

Fleet, C.M., M.F.N.Rosser, R.A.Zufall, M.C.Pratt, T.S.Feldman and P.P.Lemons.2006.Hiring criteria in biology departments of academic institutions.*BioScience* 56:430-436.

Foucault, M.1977.*Discipline and Punish: The Birth of the Prison.* Pantheon Books, New York.

Friedland, A.J., and C.L.Folt.2009. *Writing Successful Science Proposals.* 2nd ed. Yale University Press.New Haven, CT.

Futuyma, D.J.1998.Wherefore and whither the naturalist? *American Naturalist* 151:1-6.

Garland, T., A. F. Bennett, and E. L. Rezende, 2005. Phylogenetic approaches in comparative physiology.*Journal of Experimental Biology* 208:3015-3035.

Gold, C.M., and T.M.Dore.2001.At cross purposes: What the experiences of doctoral students reveal about doctoral education(www.phd-survey.org) .A report prepared for the Pew Charitable Trusts, Philadelphia.

Gotelli, N. J., and A.M.Ellison.2004.*A Primer of Ecological Statistics.*Sinauer, Sunderland, MA.

Grace, J. B. 2006. *Structural Equation Modeling and Natural Systems.* Cambridge University Press, Cambridge.

Gurevitch, J., and L. V. Hedges. 2001. Meta-analysis: Combining the results of independent experiments.Pages 347–369 in S.M.Scheiner and J.Gurevitch(eds.) , *Design and Analysis of Ecological Experiments*, 2nd ed.Oxford University Press, Oxford, UK.

Hilborn, R., and M.Mangel. 1997. *The Ecological Detective: Confronting Models with Data.* Princeton University Press.Princeton, NJ.

Hofer, T., H.Przyrembel, and S.Verleger.2004.New evidence for the Theory of the Stork.*Paediatric and Perinatal Epidemiology* 18:88–92.

Holt, R.D. 1977. Predation, apparent competition and the structure of prey communities. *Theoretical Population Biology* 12:197–229.

Holt, R.D., and J.H.Lawton.1994.The ecological consequences of shared natural enemies.*Annual Review of Ecology and Systematics* 25:495–520.

Huberty, A.F., and R.F.Denno.2004.Plant water stress and its consequences for herbivorous insects: A new synthesis.*Ecology* 85:1383–1398.

Huntzinger, M. 2003. Effects of fire management practices on butterfly diversity in the forested western United States.*Biological Conservation* 113:1–12.

Huntzinger, M., R. Karban, T. P. Young, and T. M. Palmer. 2004. Relaxation of induced indirect defenses of acacias following exclusion of mammalian herbivores.*Ecology* 85:609–614.

Hurlbert, S.H.1984.Pseudoreplication and the design of ecological field experiments.*Ecological Monographs* 54:187–211.

Karban, R. 1983. Induced responses of cherry trees to periodical cicada oviposition. *Oecologia* 59: 226 –231.

Karban, R.1987.Environmental conditions affecting the strength of induced resistance against mites in cotton.*Oecologia* 73:414–419.

Karban, R.1989.Community organization of *Erigeron glaucus* folivores: Effects of competition, predation, and host plant.*Ecology* 70:1028–1039.

Karban, R.1993.Costs and benefits of induced resistance and plant density for a native shrub, *Gossypium thurberi.Ecology* 74:9–19.

Karban, R., and P.de Valpine.2010.Population dynamics of an arctiid caterpillar-tachinid parasitoid system using state-space models.*Journal of Animal Ecology* 79:650–661.

Karban, R., and J. Maron. 2001. The fitness consequences of inter-specific eavesdropping between plants.*Ecology* 83:1209–1213.

Karban, R., T.Mata, P.Grof-Tisza, G.Crutsinger, and M.Holyoak.2013.Non-trophic effects of litter reduce ant predation and determine caterpillar survival and distribution. *Oikos* 122:1362–1370.

Kearns, C.A., and D.W. Inouye. 1993. *Techniques for Pollination Biologists.* University Press of Colorado, Niwot, CO.

Koenig, W.D., and J.M.H. Knops. 2013. Large scale spatial synchrony and cross-synchrony in acorn production by two California oaks. *Ecology* 94:83–93.

Koenig, W.D., J.M.H. Knops, and W.J. Carmen. 2010. Testing the environmental prediction hypothesis for mast-seeding in California oaks. *Canadian Journal of Forest Research* 40:2115–2122.

Koenig, W.D., J.M.H. Knops, W.J. Carmen, M.T. Stanback, and R.L. Mumme. 1996. Acorn production by oaks in central coastal California: Influence of weather at three levels. *Canadian Journal of Forest Research/Revue Canadienne De Recherche Forestière* 26:1677–1683.

Legendre, P., M.R.T. Dale, M.-J. Fortin, F. Gurevitch, M. Hohn, and D. Myers. 2002. The consequences of spatial structure for the design and analysis of ecological field surveys. *Ecography* 25:601–615.

Lertzman, K. 1995. Notes on writing papers and theses. *Bulletin of the Ecological Society of America* June 1995:86–90.

MacArthur, R.H., and E.O. Wilson. 1963. An equilibrium theory of insular zoogeography. *Evolution* 17:373–387.

MacArthur, R.H., and E.O. Wilson. 1967. *The Theory of Island Biogeography.* Princeton University Press, Princeton, NJ.

Maron, J.L., and S. Harrison. 1997. Spatial pattern formation in an insect host-parasitoid system. *Science* 278:1619–1621.

Marquis, R.J., and C.J. Whelan. 1995. Insectivorous birds increase growth of white oak through consumption of leaf-chewing insects. *Ecology* 75:2007–2014.

Martinsen, O.L. 2011. The creative personality: A synthesis and development of the creative person profile. *Creativity Research Journal* 23:185–202.

Matthews, R. 2000. Storks deliver babies (p = 0.008). *Teaching Statistics* 22:36–38.

Mitchell, R.J. 2001. Path analysis: Pollination. Pages 217–234 in S.M. Scheiner and J. Gurevitch (eds.), *Design and Analysis of Ecological Experiments*, 2nd ed. Oxford University Press, Oxford, UK

Monroe, E.G. 1948. The geographical distribution of butterflies in the West Indies. Ph.D. dissertation, Cornell University, Ithaca, NY.

Monroe, E.G. 1953. The size of island faunas. Pages 52–53 in *Proceedings of the Seventh Pacific Science Congress of the Pacific Science Association* Volume 4: *Zoology.* Whitcome and Tombs, Auckland, New Zealand.

Moore, P.D., and S.B. Chapman. 1986. *Methods in Plant Ecology.* 2nd ed. Blackwell Scientific Publications, Oxford, UK.

Newmark, W.D. 1995. Extinction of mammal populations in western North American national parks. *Conservation Biology* 9:512–526.

Newmark, W.D. 1996. Insularization of Tanzanian parks and the local extinction of large mammals.

Conservation Biology 10:1549-1556.

Oksanen, L. 2001. Logic of experiments in ecology: Is pseudoreplication a pseudoissue? *Oikos* 94: 27-38.

Pearse, I.S. 2011. The role of leaf defensive traits in oaks on the preference and performance of a polyphagous herbivore, *Orgyia vetusta*. *Ecological Entomology* 36:635-642.

Pearse, I. S., and A. L. Hipp. 2009. Phylogenetic and trait similarity to a native species predict herbivory on non-native oaks. *Proceedings of the National Academy of Sciences* 106:18097-18102.

Pechmann, J. H. K, D. E. Scott, R. D. Semlitsch, J. P. Caldwell, L. J. Vitt, and J. W. Gibbons 1991. Declining amphibian populations: The problem of separating human impacts from natural fluctuations. *Science* 253:892-895.

Platt, J.R. 1964. Strong inference. *Science* 146:347-353.

Popper, K.R. 1959. *The Logic of Scientific Discovery*. Basic Book, New York.

Potvin, C. 1993. ANOVA: Experiments in controlled environments. Pages 46-68 in S.M. Scheiner and J. Gurevitch (eds.), *Design and Analysis of Ecological Experiments*. Chapman and Hall, New York.

Quinn, J.F., and A.E. Dunham. 1983. On hypothesis testing in ecology and evolution. *American Naturalist* 122:602-617.

Reznick, D.N., and J.A. Endler. 1982. The impact of predation on life history evolution in Trinidadian guppies (*Poecilia reticulata*). *Evolution* 36:160-177.

Reznick, D.N., H. Bryga, and J.A. Endler. 1990. Experimentally induced life-history evolution in a natural population. *Nature* 346:357-359.

Ricklefs, R.E. 2012. Naturalists, natural history, and the nature of biological diversity. *American Naturalist* 179:423-435.

Ricklefs, R. E., and D. Schluter. 1993. Species diversity: Regional and historical influences. Pages 350-363 in R. E. Ricklefs and D. Schluter (eds.), *Species Diversity in Ecological Communities*. University of Chicago Press, Chicago.

Schneider, D. C., R. Walters, S. Thrush, and P. Dayton. 1997. Scaleup of ecological experiments: Density variation in the mobile bivalve *Macomona liliana*. *Journal of Experimental Marine Biology and Ecology* 216:129-152.

Shipley, B. 2000. *Cause and Correlation in Biology: A User's Guide to Path Analysis, Structural Equations and Causal Inference*. Cambridge University Press, Cambridge, UK.

Shurin, J.B., E.T. Borer, E.W. Seabloom, K. Anderson, C.A. Blanchette, B. Broitman, S.D. Cooper, and B.S. Halpern. 2002. A crossecosystem comparison of the strength of trophic cascades. *Ecology Letters* 5:785-791.

Singer, M.S., T.E. Farkas, C.M. Skorik, and K.A. Mooney. 2012. Tritrophic interactions at a community level: Effects of host plant species quality on bird predation of caterpillars. *American Naturalist* 179:363-374.

Sokal, R.R., and F.J. Rohlf. 2012. *Biometry*. 4th ed. Freeman, New York.

Southwood, T.R.E., and P.A.Henderson.2000.*Ecological Methods.* Blackwell Science, Oxford, UK.

Sutherland, W.J. (ed.).2006.*Ecological Census Techniques.* 2nd ed. Cambridge University Press, Cambridge, UK.

Thomas, D.C., and D.R.Gray.2002.Update COSEWIC status report on the woodland caribou *Rangifer tarandus caribou* in Canada.In *COSEWIC assessment and update status report on the woodland caribou* Rangifer tarandus caribou *in Canada.* Committee on the Status of Endandered Wildlife in Canada. Ottawa.

Thompson, J. N. 1999. Specific hypotheses on the geographic mosaic of coevolution. *American Naturalist* 153 Supplement: S1-S14.

Todd, B.T., D.E.Scott, J.H.K.Pechmann, and J.W.Gibbons.2011.Climate change correlates with rapid delays and advancements in reproductive timing in an amphibian community.*Proceedings of the Royal Society B* 278:2191-2197.

Tyler, C.M., B.Kuhn, and F.W.Davis.2006.Demography and recruitment limitation of three oak species in California.*Quarterly Review of Biology* 81:127-152.

Van Kammen, D.P.1987.Columbus, grantsmanship, and clinical research.*Biological Psychology* 22: 1301-1303.

Vaughn, K.J., and T.P.Young.2010.Contingent conclusions: Year of initiation influences ecological field experiments, but temporal replication is rare.*Restoration Ecology* 18:59-64.

Vitt, L.J., and E.R.Pianka.2005.Deep history impacts present-day ecology and biodiversity.*Proceedings of the National Academy of Sciences* 102:7877-7881.

Weber, M.G., and A.A.Agrawal.2012.Phylogeny, ecology, and the coupling of comparative and experimental approaches.*Trends in Ecology and Evolution* 27:394-403.

White, T.C.R.1969.An index to measure weather-induced stress of trees associated with outbreaks of psyllids in Australia.*Ecology* 50:905-909.

White, T.C.R.1984.The abundance of invertebrate herbivores in relation to the availability of nitrogen in stressed food plants.*Oecologia* 63:90-105.

White, T.C.R.2008.The role of food, weather and climate in limiting the abundance of animals.*Biological Reviews* 83:227-248.

Wilson, D.E., F.R.Cole, J.D.Nichols, R.Rudran, and M.S.Foster.1996.*Measuring and Monitoring Biological Diversity: Standard Methods for Mammals.* Smithsonian Institution Press, Washington, DC.

Yang, L.H.2004.Periodical cicadas as resource pulses in North American forests.*Science* 306: 1565-1567.

Yoccuz, N.G.1991.Use, overuse, and misuse of significance tests in evolutionary biology and ecology. *Bulletin of the Ecological Society of America* 72:106-111.

Young, T.P.2000.Restoration ecology and conservation biology.*Biological Conservation* 92:73-83.

Young, T.P., B.Okello, D.Kinyua, and T.M.Palmer.1998.KLEE: A long-term, large-scale herbivore exclusion experiment in Laikipia, Kenya.*African Journal of Range and Forage Science* 14:

94 -102.

Zschokke, S., and E. Ludin. 2001. Measurement accuracy: How much is necessary? *Bulletin of the Ecological Society of America* 82: 237–243.

索　　引

图字:01-2022-1842 号

HOW TO DO ECOLOGY: A Concise Handbook, Second Edition

图书在版编目(C I P)数据

如何做生态学:简明手册 / (美) 理查德 · 卡尔班 (Richard Karban),(美)米凯拉 · 亨辛格 (Mikaela Huntzinger),(美)伊恩 · S · 皮尔斯 (Ian S.Pearse)著;王德华译.--2 版.--北京:高等教育出版社,2022.9

书名原文:How to Do Ecology:A Concise Handbook(Second Edition)

ISBN 978-7-04-059207-8

Ⅰ.①如… Ⅱ.①理… ②米… ③伊… ④王… Ⅲ.①生态学-手册 Ⅳ.①Q14-62

中国版本图书馆 CIP 数据核字(2022)第 142874 号

策划编辑 柳丽丽　责任编辑 柳丽丽　封面设计 张 楠　版式设计 张 杰
责任绘图 于 博　责任校对 陈 杨　责任印制 耿 轩

出版发行	高等教育出版社	网　址	http://www.hep.edu.cn
社　址	北京市西城区德外大街 4 号		http://www.hep.com.cn
邮政编码	100120	网上订购	http://www.hepmall.com.cn
印　刷	河北信瑞彩印刷有限公司		http://www.hepmall.com
开　本	787mm×1092mm 1/16		http://www.hepmall.cn
印　张	9.5	版　次	2010 年 5 月第 1 版
字　数	140 千字		2022 年 9 月第 2 版
购书热线	010-58581118	印　次	2022 年 9 月第 1 次印刷
咨询电话	400-810-0598	定　价	29.00 元

本书如有缺页、倒页、脱页等质量问题,请到所购图书销售部门联系调换

物 料 号 59207-00

RUHE ZUO SHENGTAIXUE——JIANMING SHOUCE